津味儿

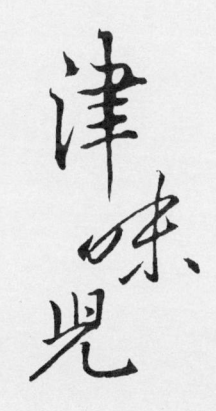

赵永强 著

Simplified Chinese Copyright © 2016 by SDX Joint Publishing Company.
All Rights Reserved.

本作品中文简体版权由生活·读书·新知三联书店所有。
未经许可,不得翻印。

图书在版编目(CIP)数据

津味儿/赵永强著. —北京:生活·读书·新知三联书店,
2016.7
ISBN 978 – 7 – 108 – 05440 – 1

Ⅰ.①津… Ⅱ.①赵… Ⅲ.①饮食-文化-天津市
Ⅳ.① TS971

中国版本图书馆 CIP 数据核字(2015)第 182266 号

责任编辑	张　荷	
装帧设计	薛　宇	
责任印制	徐　方	
出版发行	生活·讀書·新知三联书店	
	(北京市东城区美术馆东街 22 号 100010)	
网　　址	www.sdxjpc.com	
经　　销	新华书店	
印　　刷	北京隆昌伟业印刷有限公司	
版　　次	2016 年 7 月北京第 1 版	
	2016 年 7 月北京第 1 次印刷	
开　　本	880 毫米 × 1230 毫米　1/32　印张 9.25	
字　　数	208 千字	
印　　数	00,001 – 10,000 册	
定　　价	32.00 元	

(印装查询:01064002715;邮购查询:01084010542)

目录

天津"吃主儿"说津味儿　1

早起早点美一天

馃子看家　3

不老豆腐　8

馄饨没馅儿　13

面茶无茶　18

水馅包子　21

什锦烧饼　26

煎饼馃子　31

嘎巴没菜　36

回汉羊汤　41

炸糕起刺儿　44

羊肉香粥　　48

汤汤相会　　52

素炸卷圈　　55

江米切糕　　58

大饼夹一切　　63

小吃不小美一世

乌豆带芽　　69

果仁崩豆　　72

麻花满拧　　77

糖堆儿挂扉　　81

栗子飘香　　86

熟梨糕大梨糕　　90

药糖串街　　93

八宝茶汤　　98

油炸蚂蚱　　101

青酱酱肉　　105

杂碎杂样　　109

红馇白馇　　113

路记烧鸡　　116

烧麦蒸饺　　120

烩饼焖饼　　124

四季时鲜美联翩

冬春两季青鲫鱼　　129

一平二鲙三鳎目　133

面鱼辣头麻口鱼　138

晃虾青虾白米虾　141

对虾皮虾小麻线　144

黄花铜锣大王鱼　147

麦穗毫根黄瓜条　151

麻蛤瑶柱蛤蜊牛　154

女儿粉舌西施乳　157

河蟹海蟹海里虹　161

银鱼紫蟹铁雀儿　166

顺拐秋刀噘嘴鲢　170

天鹅地鹋野麻鸭　174

黄芽韭黄青萝卜　177

小站稻米朱砂豆　182

年节滋味美筵席

腊八小年　熬粥泡蒜　187

糖瓜祭灶　新年来到　191

春节饺子团年饭　193

正月初二　捞面成席　197

春节食谱　馅食当家　200

正月十五闹元宵　208

焖子烙饼炒鸡蛋　214

五月端阳米面粽　218

中秋月饼家常烙　222

清真教席享津门　226

公馆筵席私家味　230

西餐入馔津菜谱　235

素菜馆里素菜宴　240

直沽高粱玫瑰露　244

茉莉花茶高末香　248

附录

丰俭由己八大碗　255

时令美食美筵席　259

一百单八满汉全席　266

传统津菜家常味　271

清真大宴全羊席　280

后记　284

天津"吃主儿"说津味儿

高成鸢

赵永强先生的《津味儿》一书在北京生活·读书·新知三联书店出版,我特别高兴,因为在精神"美食"领域里,三联是个高档"宴席"。中华珍馐将会集萃于此,津门味道不能缺席。

在邀我写序时,作者送来一本同系列的《川味儿》作为参考,这引起我对川菜权威、亡友熊四智先生的思念。2002年,天津策划编刊精美文献《津菜》,忝为顾问,我的一件作为,就是请四智兄代表全国著名同道赐作专文,以壮声威。

我生性不大馋嘴,对烹调技艺也并无兴趣,没想到中年过后,会跟美食有了非同一般的缘分。1980年代末,在承担一项文化史研究课题中,我突然对古怪中餐的由来发生狂热兴趣。第一篇饮食史论文刚刚发表,恰值1991年盛大的"首届中国饮食文化国际研讨会"在京举行,我应邀参加,一步闯进了新形成的"饮食文化研究"圈,结识了聂凤乔、熊四智先生等主要开拓者。

那次参会的天津团由一位老领导率队，会间，他以市烹饪协会名誉会长的身份，命我"归队"。不久，业界的老行家马春雨先生亲临敝单位看望，我就被拉进本市餐饮业界的实务活动中，也用部分精力关注天津饮食的历史文化。

那时，"菜系"的争夺（后来被商业部叫停）还很热闹，"吃在天津"的口号时有所闻。我是异乡人，说实话，对于"津菜"，起先心里觉得无非"老王卖瓜"；然而跟业界前辈和众多高厨接触既久，我的认识彻底转变。20世纪前期，"天津菜"在全国确实占有后来居上的地位。

扬州亡友陶文台先生曾提出"菜系"的四条标准，包括"辐射性"。新中国成立五十周年，北京市曾在某次活动中安排重温"开国第一宴"，近二十位年过八旬的大师各自再献绝艺，其中就有两位是当年奉周总理之命，从天津进入北京"国家队"的。他们其中的一位告诉我，每当北京厨师在大赛中碰上天津对手，总要"怵一头"。

后来，市烹饪协会尹桂茂会长曾通过我邀请"世界中国烹饪协会"外方发起者、新加坡文化名人周颖南先生来津访问讲学，马春雨老前辈也出面接待。美膳大酒楼的午宴过后，尹先生对马老说："不瞒您老，没敢告诉掌勺的大师'点菜的是您'。"稍后我才明白此话何意：据说高厨们在为马老做菜时，会紧张到"掌勺的手直打哆嗦"，半点差池都逃不过他的舌头。这才是地道的"吃主儿"（美食家）。

马、尹二位待我以礼遇，希望我给天津美食树碑立传。《津菜》编撰时，上下各方都曾属意于我，我坦然婉拒的理由是：当得此任者要有几大条件，不但要懂吃知味，而且善用"人类学"方法作实地考察，还要具有全国乃至异邦的美食经历作为参照，而我只会无尽地埋头于书堆中。

我曾苦于没有贤才可以推荐。今天想来，那时若是熟识赵永强先生，……也不怪我孤陋寡闻：当时，年轻的赵先生可能正风尘仆仆地奔走于国际考察的途程中，自费前往印度、日本等地，认真品尝各地风味。这正是"发宏愿、做大题"的准备。从世界看中国，从中国看天津，这叫真研究。

我虽然1990年代就在《中国烹饪》开辟专栏，在国内率先提出"饮食文化"应当纳入"文化人类学"的主张，但迟至2006年才"被动地"有文集问世。早年我发愿探索的是中餐跟中华文化的关系，这属于"历史人类学"，在国内兴起很晚。所以拙著首先被香港三联书店看中并出版（《从饥饿出发：华人饮食与文化》），内地简体本正在编辑中。

近年谈吃的新书大量涌现。在多场"各地风味宴席"中，三联的盛宴才够上"国宴"。赵永强先生的新著，会给天津争光。可喜的是，作者尚在盛年，已成为天津食文化研究的主力之一。

高成鸢

1936年生，威海卫人，文化史学者，曾独力完成国家课题。天津文史馆馆员，中国烹饪协会特邀文化顾问。饮食文化研究开拓者之一，有专著《从饥饿出发：华人饮食与文化》(香港三联书店，2012年)等。

早起早点美一天

馃子看家

一天,市政协文史委一位老领导打来电话,询问天津的馃子铺有没有叫得响的老字号。我闻之竟一时语塞。馃子铺在天津太普遍啦,哪个居民区都有三五家炸馃子的夫妻小店铺,但都规模过小,称"老字号"显然不够格。忽忆起先祖父当年曾念叨过:解放前,有名为"杨四香馃子铺"的一家老店,其名气可与当时的老字号万顺成小吃、满记蒸食、杜称奇烧饼等齐名,但后来竟式微衰落,鲜为人知了。

说到馃子,可以说大江南北皆有,但其通名为"油条"。早在南北朝时,贾思勰的《齐民要术》就记载了油炸面食的制作方法,宋代称之"油炸从食"。民间传说,南宋奸臣秦桧夫妇在害死岳飞之后,迫害为岳飞鸣冤的百姓,而激起民愤。都城临安(今杭州)街头炸面食的小贩纷纷将两条面合炸为"油炸桧"。两条面分别象征秦桧和王氏,油炸之后还得咬碎嚼烂,以解心头之恨。"油炸桧"上市,人们纷纷购买。秦桧死后,"油炸桧"更名"油炸鬼",意思是秦桧死了就是变成鬼,百姓也饶不了他。《清稗类钞》载:"油炸桧,长可一尺,捶面使薄,以两条绞之为一,如绳,以油炸之。其初则肖人形,上二手,下二足,略如×字,盖宋人恶秦桧之误国,故象形以诛之也。"时至今日,江南各地,乃至港澳地区仍有"油炸桧""油炸鬼"的称呼。对此,香港作家欧阳应霁感叹说,因为一种食品而记住一个人名,千年不变,实属奇迹。

天津民间流传说,宋代义士施全行刺秦桧未遂,被砍头示众。其兄施中夫妇扮成渔民,从临安乘一小船顺运河北上,一路艰险,来到直沽(今天津)。在今三岔河口一带搭窝棚定居,更名改姓为朱钦惠(谐音煮秦桧)。夫妻二人以卖杭州油炸面食为生。朱钦惠夫妻每日夙兴夜寐,劳苦操作,其"油炸桧"金黄酥脆,口感绵香,颇受天津百姓欢迎。到了清代,因油炸桧形似棒槌,故改称"棒槌馃子",简称"馃子",沿用至今。

馃子是天津人对油炸类面食的泛称,品类繁多,除棒槌馃子之外,还有馃篦儿、馃头儿、大糖馃子、糖皮儿、糖盖儿、大小馃子饼、鸡蛋荷包等。馃子是天津人的看家美食,为每日早餐之首选,既可单吃,也可与多种食品搭配,以增强美味。比如:大饼夹馃子、煎饼馃子、馃子配面茶等。

馃子的成分,主要是面粉,配比是一碱、二矾、三盐。盐、碱、矾三者的比例配伍很有学问,是口感和外形制作成败的关键。其次,是揉制面坯儿。用配比好的水倒入面粉,和成面穗,搋揉成面团。根据气温高低,决定饧面时间长短。其间,还要反复搋揉数次。制作品种不同,对面坯儿的软硬度柔韧度要求不同。

馃篦儿,因其极薄且脆,故北京人称之"薄脆"。馃篦儿用面必须筋道，以便于拉抻。将和好的面制成方形坯子，四面抻拉至极限后顺入热油锅内，待其即将定型之时，在三分之一处折叠，使其成为16开杂志大小的长方形，以便于携带。郭德纲相声《文章会》，说金庸金大侠与其"论道"，其间郭问金大侠要"镇尺"的，还是要"书本儿"的。"镇尺"即夹棒槌馃子的煎饼馃子，"书本儿"即夹馃篦儿的煎饼馃子。可见，天津煎饼馃子离不开棒槌馃子或馃篦儿这两个品种。

炸棒槌馃子甩下的面头儿，可用来炸制馃头儿、糖皮儿、糖盖儿、鸡蛋馃子等品种。

馃头儿如成人手掌大小，比馃篦儿厚，比小馃子饼薄，中间划三刀，以便炸熟炸透。若在馃头儿的一面附上红糖油面，就成了"糖皮儿"，亦称"糖盖儿"。鸡蛋馃子是用炸馃头儿的面坯子下油锅稍炸至中间起鼓，形成"口袋"，捞出稍晾，一侧开口，将生鸡蛋磕开灌入，捏紧口后顺入油锅，温油炸透，色泽金黄，外脆里嫩。因外形如鼓，也称"鸡蛋鼓"或"鸡蛋荷包"。北京人称为"炸荷包蛋""炸布袋"。

大、小馃子饼，基本上是一种面剂儿。大馃子饼为圆形，一侧附加红糖油面，直径一尺开外，中间有几刀开口，以便于炸熟；小馃子饼个儿小，呈长方形，如32开书本儿。在北京，小馃子饼更常见，称为"油饼"。另外，天津人将馓子、排叉也习惯性地归入馃子一类。过去还有糖三刀、糖鬈鬏、糖脆排叉、老虎爪、麻叶、姜饺、花篱瓣、长坯儿、回族居民的油香（天津人读成"油星"）、散不散等，现已不多见。

天津人吃馃子多为早餐，配豆浆、老豆腐、嘎巴菜、面茶等。馃子油腻，与相对"素净"的吃食配伍，方为调和，其中尤以煎饼馃子为代表。另外，热大饼夹棒槌馃子或馃篦儿，佐以豆浆，堪称绝配。当然，更经典的吃法是豆浆皮卷棒槌馃子或馃篦儿,但已经从早点市场上绝迹,成为天津人的回忆。

大饼夹馃子,外加一碗浓浓的挑得起皮儿的热豆浆,干稀搭配,营养配伍,如此组合,成为天津人百吃不厌、世代相袭的就餐习惯,是天津早餐食谱中的经典组合,其普适性堪比煎饼馃子,甚至超过煎饼馃子。大饼、馃子、豆浆,价廉物美,既美味营养,又耐饿搪时候,所以广受大众欢迎。

先祖父是手艺人,扎彩、裱糊、油漆,样样精通。在八十八岁米寿时,老人家还能登梯爬高,拾掇门窗。一辈子能吃能喝,吃出了一副好体格。老人家每天的早餐都是老一套:一张直径一尺的家常烙饼,三根棒槌馃子,俩茶鸡蛋,豆浆一大海碗——如此饭量让晚辈看了都眼晕。家中偶尔预备了牛奶、面包、蛋糕、三明治之类,他也不驳面子,但却蜻蜓点水,浅尝辄止。末了声明:"吃着不舒服,咱这架眼儿里没有放洋玩意儿的地界儿。"老人早餐这一细节,却能透出老一辈天津人的饮食习惯——虽说土洋可以结合,但恪守传统仍为主流。

大饼、馃子、豆浆,犹如孪生老哥儿仨,缺一不可,相得益彰,但排序却颠倒不得。友人曾与我探讨,为嘛大饼必须夹上馃子吃到嘴里才香?各是各码,一样咬一口,不也一样吗?这就涉及中国烹饪讲求综合与协调理论层面的问题了。举凡饺子、锅贴、馅饼、回头,以及元宵、粽子、捞面等,皆为调和艺术的结晶。吃饺子,从未见过馅儿和皮儿两拿着的;吃捞面,也罕见卤儿和面条分离,一样一口地就着吃的。同样的道理,大饼和馃子的配伍只能夹着吃,否则就属于"违规操作",吃着不香,看着也别扭。

幼时正赶上物资匮乏的时代，买一两棒槌馃子得用一两粮票八分钱，还得限购，每人每次最多买半斤（十根）。一般得排队等半小时左右才能买到手。起大早排大队买馃子，似乎天经地义。对此，今天的年轻人简直难以想象。津派相声名家高英培、范振钰的名段《不正之风》有一个细节，再现了历史原貌："后门"走得勤、路子倍儿"野"的"万能胶"，与炸馃子的徐姐结成"关系户"，所以买馃子可以不排队，背后的交易是"布头儿换馃头儿"。"徐姐，来俩馃头儿！"——曾嬉笑在天津百姓唇舌间，属于风靡一时的嘲讽名典。

在那个苦涩的年代，能吃上棒槌馃子，属于令人艳羡的"高消费"。当年，一位亲戚曾直抒胸臆谈出人生梦想：我要是发了财，天天吃馃子，不就饼。他站在长队的末端，望着刚出锅、炸得橙黄、冒着热气、散着油香的棒槌馃子，巴望着不就饽饽不夹饼，"让我一次爱个够"。其实，单吃馃子不夹饼，因失去了配伍的均衡，很难臻于饮食规约的善境。

十年前，第一次去美国旅游，在外成天吃西餐，吃到第十一天，到了旧金山。竟然可以在一家天津餐馆吃早餐。嗬！真是久旱逢甘霖，想嘛儿就来嘛儿——啊！久违了的棒槌馃子和热豆浆，顿时一股暖流流遍全身，几乎热泪盈眶！虽缺了家常饼，但馃子浸在豆浆里，也算找到了平衡点。吃着棒槌馃子蘸豆浆，突然想起祖父当年阐发的"架眼儿"理论。其实，这"架眼儿"就是生活习惯，就是文化遗传，就是萦绕于心、挥之不去、伴你一生的故乡情结……

不老豆腐

天津人说的豆腐脑儿，就是老豆腐；天津人说的老豆腐，就是豆腐脑儿。你到天津早点部"来碗老豆腐"或"一碗豆腐脑儿"，保证给你盛的是一样的东西。

我国是世界上第一个用大豆制作豆腐的国家。李时珍《本草纲目》载："豆腐之法，始于汉淮南王刘安。"相传两千多年前，淮南王刘安在寿春（今安徽省寿县）时，广招方术之士烧汞炼丹，以求长生不老之术。刘安曾延请八位著名方士在"八公山"燃起炉火，用黄豆磨浆烧开，加盐卤，实验炼丹。结果，丹没炼成，却歪打正着地创制出豆腐。1960年河南密县发现的汉墓画像中就有豆腐作坊的石刻。盛产大豆的黑龙江省三江平原地区，将豆制品分为"干豆腐"和"湿豆腐"两大类。以此推断，豆皮儿、豆丝儿、豆干儿属"干豆腐"类；而鲜豆腐、豆浆、豆腐脑儿、老豆腐则应归入"湿豆腐"类了。

那么，豆腐脑儿和老豆腐究竟是同物异名还是两码事儿呢？梁实秋先生在《雅舍谈吃》里，就描述了豆腐脑儿与老豆腐的区别。他说："北平的'豆腐脑儿'，异于川湘的豆花，是哆里哆嗦的软嫩豆腐，上面浇一勺卤，再加蒜泥。""'老豆腐'另是一种东西，是把豆腐煮出了蜂窠，加芝麻酱、韭菜末、辣椒等作料，热乎乎的连吃带喝亦颇有味。"商务印书馆1996年出版《现代汉语词典》（修订本）对"老豆腐"的第一义项是这样解释的："北方小吃。豆浆煮开后点上石膏或盐卤凝成块（比豆腐脑儿老些），吃时浇上麻酱、韭菜花、辣椒油等调料。"此说，与梁老的描述基本一致。

卓然的《故都食物百咏》对二者则另有一番描述。豆腐脑儿："豆腐新鲜卤汁肥，一瓯隽味趁朝晖。分明细嫩真同脑，食罢居然鼓腹归。"注云：豆腐脑儿之佳处在于细嫩如脑，口味咸淡适口，细嫩鲜美，并有蒜香味儿。老豆腐："云肤花貌认参差，未是抛书睡起时。果似佳人称半老，犹堪搔首弄风姿。"注云：老豆腐较豆腐脑儿稍硬，外形则相同。豆腐脑儿如妙龄少女，老豆腐则似半老佳人。豆腐脑儿多正在晨间出售，老豆腐则正在午后。豆腐脑儿浇卤，老豆腐则佐酱油等素食之。其实，这仅是北京人对豆腐脑儿和老豆腐的认知。

以梁老先生和《故都食物百咏》的归类概念，每日清晨常伴天津人早餐饭桌的，多豆腐脑儿而少老豆腐。从豆腐的本质上讲，天津人认可的"老豆腐"或"豆腐脑儿"，实际上是老嫩相宜的豆腐，而绝非"煮出了蜂窠的老豆腐"和"哆里哆嗦的软嫩豆腐"。并且，既浇卤，又加调味料。一律早晨供应，过午不候。即便是后来闯进天津早餐市场，并被天津人认可的河北饶阳豆腐脑儿，也入乡随俗，早餐出列，肥卤侍候。

天津老豆腐重在制卤。无论回族、汉族，均为荤卤（这与天津另一美食嘎巴菜正相反，嘎巴菜卤必为素卤），多用肥鸡吊汤。大料、桂皮、葱姜米炝锅，倒入鸡汤，加精盐和酱油，放入黑木耳、黄花菜、香菇丁，飞入鸡蛋液，水淀粉勾芡成卤。卤呈酱红色，不澥不坨——这是普通的老豆腐卤。卖老豆腐时，用黄铜片做的平勺扎半碗豆腐，再浇卤，淋上香油调稀的酱黄色的麻酱、香油炸制烹入酱油的黑亮色的花椒油、绿色的韭菜花酱。其他调味料，如鲜红色的辣油、奶白色的蒜泥汁（现为蒜末水）任食客自选。可谓色、香、味俱佳。

要说最讲究的老豆腐，当属清真早点部的虾子卤老豆腐和口蘑羊肉末卤老豆腐。

虾子卤老豆腐。葱花炝勺，倒入精品酱油烧开，下虾子、蟹肉、清水。汤将烧沸时，用水面筋、湿淀粉勾芡。锅开，下水粉丝段、香干丝、馃子块、木耳、味精，离火成卤。老豆腐上浇卤，淋卤虾油、芝麻酱、辣椒油、白蒜汁。豆腐白嫩，卤汁透明，虾子鲜香不腥，海鲜味扑鼻。

口蘑羊肉末卤老豆腐。口蘑鲜香、肉味浓烈，较之虾子卤老豆腐，口感更为醇厚。口蘑洗净用温水浸泡出口蘑汤汁后，捞出口蘑改刀切片或粒。大料瓣下油勺炸出香味，下葱花、姜丝、羊肉末、酱油煸炒。羊肉末变色，再加入面酱。待面酱起泡，加入清水、口蘑汤、水面筋丝、鸡蛋丝，烧开后，加味精，湿淀粉勾芡成卤。停火后，把口蘑撒到卤上，用香油炸花椒油，趁热浇在口蘑上，再与提前调制好的卤汁勾兑在一起。这时，口蘑香、羊肉香、豆腐香混合一起，醇美扑鼻，令人垂涎。豆腐上浇卤，淋芝麻酱、辣油、蒜泥，以去除羊肉腥膻，突出口蘑的鲜香。

在我国北方久负盛名的河北饶阳豆腐脑儿，1934年进入天津，曾一度风靡津城。1992年，中国商业出版社编撰的《中国烹饪辞典》，将饶阳豆腐脑儿列入天津小吃名下——可见，其在天津餐饮市场的影响力。饶阳豆腐脑儿的创始人是韩玉，清光绪年间，在河北饶阳城关以卖豆腐脑儿为生，因投料考究，鲜味独特，在饶阳地区远近驰名。韩玉选净鸡或净鸭、猪五花肉，与口蘑汤、大料、花椒、砂仁、豆蔻、丁香、肉桂、白果等，加清水熬成香料水，一起煮至肉熟鸡（鸭）烂。熟五花肉改刀成片，与炸面筋、酱油、味精等一起下锅，勾薄芡，制成卤汤。售卖时，豆腐脑儿上撒鸡（鸭）丝、香菜末，浇卤汤，淋芝麻油。

饶阳豆腐脑儿的制作成本过高，目前在天津已难觅踪影。20世纪90年代中期，有人学了西安豆腐脑儿的形式，打着饶阳豆腐脑儿的旗号，挺进天津早餐市场。他们以淡而无味的薄芡稀卤，取代高汤美卤；用切碎的咸菜疙瘩头或榨菜条代替鸡（鸭）丝，用粗制酱油顶替小料。但天津爷们儿不认，即使原先未吃过饶阳豆腐脑儿的天津娃娃，也难以糊弄。不久，冒牌儿饶阳豆腐脑儿便偃旗息鼓，悄然退出。

20世纪80年代末的某一天早晨，天津大胡同一家个体早点部门前贴出一纸告示，大意是，因每日吊汤制卤用的活鸡断供，歇业两天。天津当时发行量最大的《今晚报》，当天下午特发专稿，对此评论。引发津城百姓热议，对这家早点部诚实守信，道德高尚大加褒扬，竟成一时佳话。由此可见卫嘴子对老豆腐、豆腐脑儿是何等喜爱！

天津早点还有在热豆浆里放白豆腐的独特吃法。张中行先生在《遥忆津门旧口福》中写道："先说早点专用的浆子豆腐。晨起，走入任何一家豆腐房都可以，入门落座，有林下风的要浆子，有饕餮癖的要浆子豆腐（豆浆中兼有豆腐脑儿），盛来，都洁白如雪，浓厚得像是热稍退就凝固，味道呢，可惜就非笔墨所能形容了。早点，喝的是主，吃的是辅，可以单吃馃子，可以超常，吃豆皮（豆浆表面凝结的薄片）卷馃子。我进豆腐房的机会不多，所以怀着佳筵难再的心情，主喝浆子豆腐，佐以豆皮卷馃子。我一生不出国门，四海之内，到的地方不算很少，单就早点的豆浆说，天津是独一无二的。"

到天津旅游的外地朋友，您可记住喽——天津人说的"老豆腐"，其实是浇上卤加调味料的"嫩"豆腐——千万别忽略了天津"老豆腐"的实质内容。建议：一碗老豆腐配上大饼馃子，最后再来碗浆子豆腐清口解腻，保您整天都是好心情……

馄饨没馅儿

天津的馄饨，皮大馅小，肉馅小到只一点点。一片薄薄的方形馄饨皮放在左手掌中，右手用筷子头挑肉馅抹在面片中间，左手食指、无名指和小指齐往中间并拢，拇指往里挤，馄饨包成了。文人描绘天津馄饨，宛如薄纱裹胸的少妇，"白纱微透一点红"。因馄饨形状，有老天津卫不无调侃地称馄饨为"馄饨皮儿"。

天津馄饨与北京老年间挑担卖的馄饨相同。梁实秋的《雅舍谈吃》道出馄饨个中三昧："馄饨何处无之？北平挑担卖馄饨的却有他的特点，馄饨本身没有什么异样，由筷子头拨一点儿肉馅往三角皮子上一抹就是一个馄饨，特殊的是那一锅肉骨头熬的汤别有滋味，谁家里也不会把那么多的烂骨头煮那么久。"

馄饨质量重在猪骨头汤上。正规的馄饨铺（包子铺兼卖馄饨）均有小份儿煮落挂的排骨或拆骨肉出售，以示正宗骨头吊汤，绝无欺瞒。骨头浓汤与皮大馅小的馄饨皮相配，才益彰互补。大海碗，先放紫菜、冬菜、虾皮，淋香油、虾油，撒香菜（芫荽）末；再放煮熟的馄饨；最后浇上高汤。浓汤浮绿，汤浓味正。馄饨质量重在猪骨头汤上，汤头一定要足。如汤不够可免费再添，这已成天津馄饨铺的规矩。精工细作，食不厌精，美食美器，海碗高汤——燕赵豪情与卫派精细在这里交融——这才是天津馄饨。老天津卫人好这一口。天津食品街西门外围的老字号"炉炉香"，什锦烧饼烙得好，水馅包子正宗，大碗馄饨更是引人垂涎。每天早晨，特别是冬天，曙色未露，一群老南市的老居民，大碗馄饨的铁粉，便已端坐餐桌前，等待馄饨上桌。这群人里有七八十岁的老饕，是从三十里地外的河西小海地赶来。单为这一口，经年不辍。

有一种叫"锤鸡馄饨"的美食，现在市场上见不着了。曾听先祖父生前讲过，锤鸡馄饨是馄饨里的顶级精品，需选用猪血脖肉与鸡脯肉，将鸡脯去皮、筋，用刀背捶打成泥，再用清汤澥成粥状，加鸡蛋清、盐调匀，与富强精粉和在一起，做成馄饨皮。猪肉末加酱油、熟猪油、香油、盐、熟芝麻末调成馄饨馅。清水煮熟，浇高汤，撒鸡丝、紫菜、香菜。从选料考究，到制作工艺精细，都有别于普通馄饨。

早在1960年代，川鲁饭庄就有制作鸭油馄饨的传统。鸭油馄饨用大锅煮一锅可供几十碗，故无等候之虞。鸭架吊白汤，鸭油调馅，鲜嫩可口，面皮用富强粉加一定比例的淀粉轧制，包上肉馅，几乎透明。用笊篱把煮好的馄饨盛碗，浇白汤，点香油，撒韭菜末（这是鸭油馄饨的特色，不用芫荽），一碗鲜香浓郁、色彩分明的馄饨就做好了。绿韭末、白鸭汤、几乎透明的面片透出点点馅红。当时的一碗鸭油馄饨，只需人民币九分钱。只喝鸭汤，二分钱一大碗。鸭油馄饨恬淡鲜香，物美价廉,逗逛闻名,顾客盈门。可惜,这一传统美食没能传续下来。

现在,北京做馄饨大多用鸡汤,正宗的馄饨侯也是鸡汤,略显寡淡。鸡汤味清平,与皮薄馅大一个肉丸的云吞正好相配。如果用汤浓味厚的骨头汤做云吞,那就"肉"到一块,岂不将食客"腻"跑了!因此,骨汤馄饨,鸡汤云吞,中规中矩,不可擅变。

云吞之名,源起广东,属粤菜茶点小吃。四川叫龙抄手,福建叫扁食,湖北叫包面。使用原材料和制作方法、吃法大同小异,只是名称不同而已。江浙人称的馄饨,馅料比广东的云吞还大。到江浙地区旅游,一日三餐,常见馄饨身影。嘉兴"五芳斋"既卖粽子,也售大馅菜肉馄饨。"五芳斋"馄饨,外形与天津人家冬季做的"猫耳朵"相似。苏州"绿杨馄饨店"的馄饨,外形像天津春卷,长方形,天津游客戏称之为:带汤大饺子。江浙馄饨共同的特点是:个大量足,品种丰富,如荠菜馄饨、鱼皮馄饨、鲜虾馄饨、鲜肉馄饨等。鸡汤自不可少,上漂几缕金黄色的鸡蛋丝(鸡蛋摊皮改刀切成)。一碗绿杨馄饨,着着实实足够壮汉"汤饱饭足"。如让天津食客为之挑刺,那就是皮太厚、馅发甜。在南方,馄饨加面条叫"云吞面",很受欢迎。天津家庭也有这种吃食,在计划经济那会儿,副食限量供应,每人每月半斤肉,包顿饺子实属不易,尤其是家里有两个半大小子,吃起饺子来没够怎么办呢?煮饺子的汤里下面条,饺子面条一锅出,美其名曰"龙拿猪"。顾名思义,面条是龙,饺子是猪,二者在大海碗里相遇,定有一场水上恶战。江浙地区的菜肉馅馄饨在天津很少见,上海进津的"吉祥馄饨"快餐小馆专售江浙"大馄饨",兴旺一时。

天津早餐市场有广式云吞,始于20世纪80年代中期。劝业场附近华中路的著名粤菜馆——宏业菜馆首开先河。在天津馄饨每碗九分钱的背景下，宏业菜馆的云吞售价三角六分一碗。宏业云吞一炮打响开门红，为天津早餐市场增添了新品种，居功至伟！天津师范大学教授谭汝为先生曾家住黄家花园一带，距宏业菜馆不算太远。据他回忆：宏业云吞之特点有四：一是货真价实，蛋清和面，鲜虾鲜肉入馅；二是汤料醇正，整鸡加棒骨熬制，汤色浓白；三是小料独特，淡菜（一种广东地区特有的贝类干品）加海米，味道独特；四是现包现煮，每碗单煮，正宗粤味儿。唯一不足，因菜馆人手少，顾客买牌儿后须到厨房自取。好在只有三五人排队，秩序井然，候时不太长。第一次端云吞时，因烫手当即放下，掌灶师傅喊一声："端碗底，别端碗边！"一碗云吞配俩叉烧包，一顿早点得花六角钱，在当时也算奢侈了！有一次用餐时看到对桌一位老人很面熟：六十来岁，满头白发，面容慈祥，精力旺盛。只见他拧开小瓶二锅头，边吃边酌，好不惬意！云吞大馅儿，肉虾绝配，加上几枚黄褐色的淡菜，可充酒菜儿，羹匙细品，汤汁鲜美。忽而忆起，这位大爷是黄家花园潼关道市场售卖海鲜的摊贩，曾在他的摊儿上买过海蟹和八带鱼。老人在早点铺从容小酌的场面，给人留下很深的印象。宏业云吞之美味，岂能独享！遂向同道推介，反馈信息所见略同。逢周日公休，曾数次一早儿骑车前去，自带小锅买回两碗云吞和几个叉烧包，全家人共享。往返骑行约四十分钟，但乐此不疲。

云吞在天津百姓早餐桌上的普及，源于市政府提出解决百姓吃早点难的问题时。政府号召餐饮行业丰富百姓的早餐市场，川鲁饭庄积极响应政府号召，将广东云吞的做法与天津大馄饨的做法相结合，去掉淡菜、虾干，改用虾皮，化繁为简，在保持云吞大馅和鸡汤的基础上，创造出天津云吞的做法。可谓南北合璧，实惠经济。天津云吞，一时遍及津城，并延续至今。

天津早点还有清真美食"菱角汤"，外形与云吞近似，白面皮裹牛肉馅，形似菱角，用高汤煮制而成。制法：鲜嫩牛肉剁馅，徐徐加入花椒水，顺着一个方向搅拌，直至黏稠带劲，以在肉馅中能竖立筷子为标准，再加入料酒、葱姜末、香油等调料，制成牛肉水馅待用。将和好的精面擀成极薄的面皮，用刀割成两寸见方的面片，包上肉馅，卷起对折，两头尖而中间鼓，恰似菱角形状，放入高汤内煮熟。菱角汤所用的高汤，或鸡汤或牛羊骨汤，汤浓味厚。汤中放入紫菜、冬菜、虾皮儿、香菜末、香油、虾油等小料提味提色。菱角汤与汉族居民的馄饨、云吞平分天津早餐市场。

在天津，您得分清馄饨、云吞和菱角汤，可别张冠李戴，乱点鸳鸯谱。特别是，到了回族居民早点部，您要是点馄饨、云吞，非让服务员把您轰出来不可。

面茶无茶

天津面茶是清真早点的名品之一,主要原料是纯糜子面,制作考究。面茶里没有茶,跟茶叶也是风马牛,但它为嘛叫"面茶"呢?请教多位高人,却都茫然无解。

"文革"将起之时,我六七岁,那时市面上还有卖面茶的。一天清早,祖父领着我去老地道外吃早点。豆腐房(早晨卖早点、中午卖豆腐的小店铺)里灯光昏暗,熬豆浆的铁锅里升腾出的热气在屋里飘浮着。这是我第一次吃面茶,祖父对我说:"宝贝儿,吃面茶讲究不动筷子不动勺。看着我——"他左手五指托碗,将碗送至嘴边微微倾斜,将面茶轻轻吸入口中,吸溜声不绝于耳。祖父随之解释道:"吃面茶出声不算露怯。"他右手持棒槌馃子,将吃剩下的半碗面茶轻轻推顶,不使面茶挂碗。同时,还用棒槌馃子清理挂到嘴边的麻酱和芝麻盐。"记住:吃完面茶,要碗光、嘴光、手光。介(这)才是天津卫爷们儿吃面茶的讲究。"爷爷吃得心满意足,又使传统吃法薪火相传,脸上露出惬意的微笑。走出早点部大门,他说:"介(这)算嘛,比上岗子面茶差远啦!"

河北陈家沟子中街西段,因地势较高,人称"上岗子",天津面茶精品中之精品的百年老号"上岗子王记面茶"就诞生于此。"文革"过后,百业俱兴。听说上岗子面茶在河北十字街恢复经营,年届古稀的祖父步行十几里地,去品尝这久违的美味,犹如离散多年的老友劫后重逢,令人唏嘘感叹。

经作家一默兄引见,有幸结识上岗子面茶第四代传人王忠诚。老王说:"上岗子面茶是从我奶奶的老娘,也就是我太姥姥手里传下来的。我爷爷王长溶接了他丈母娘的班。传到我这是第四辈儿。"王长溶是河北一带有名的练家子,皮条、杠子玩得溜转,练出一身好筋骨。每天半夜十二点开始准备面茶用料,把预先泡胀了的糜子米用小石磨磨成糨糊。两三个小时,能出二十多斤。手工磨制,力量均匀,速度适中,糜子面醇香。不像电磨磨制的糜子面有点儿焦糊味儿。用大锅大火将水烧沸,加入盐、碱、矾熬一会儿,将糜子糨糊调稀,往水翻花的地方浇,要一直保持水翻花,边浇边搅。然后用细火慢熬十来分钟,至糜子面成粥定型,封火保温。也有用电热管加温热水保温的,这样可以保持面茶的温度,又可避免煳锅底,出现异味。成型的面茶色泽淡黄、稠稀适中,咸淡适口,糜子独有的香气,混着芝麻盐、芝麻酱的浓香扑鼻。熬制面茶定型,有一商家秘不外宣的独门秘技,就是在适当的时候,放入适量的姜汁。是姜汁,而不是姜粉姜末。芝麻酱、芝麻盐的制作也很讲究。麻酱要用小磨香油调稀,千万不能用水调制。芝麻盐制作前,芝麻要用开水烫透,摔打脱皮成芝麻仁后才能炒制。在快炒熟时加入精盐,炒干水气,以香气尚未外溢为刚刚好,再擀轧为末,制成芝麻盐。这样的芝麻盐，在热面茶的烘托下，香气才开始外溢。单闻芝麻盐不香，而手托面茶碗，临近口边，芝麻香气扑鼻。这里，您可看好喽，芝麻盐，不是花椒盐。一位北京友人，曾久居天津，属于资深"吃货"，老来无事，在博客里深情回顾天津美食，但将吃面茶时用的"芝麻盐"误写成"椒盐"。他老人家大概是受到1996年商务印书馆《现代汉语词典》修订本"面茶"词条谬解及成善卿《竹枝词》的影响，为此害得我四处求证，以觅求正根儿。

在售卖时，将面茶盛入经过凉水浸泡过的碗中，以免面茶挂碗。面茶上，撒一层厚厚的芝麻盐，再淋上一层麻酱，这叫"单料"的。先盛半碗面茶，撒上一层芝麻盐，淋上一层麻酱，然后再将面茶盛满，再撒上一层芝麻盐，淋上一层麻酱，叫"双料"的。一些会吃的顾客先要一碗"单料"的，用热棒槌馃子抹着把浮头儿的小料吃完，再去加一层小料。现在，天津市面上的面茶多为双料的，只有"上岗子面茶"还延续单料、双料之分的传统，但追加调料的旧规被取消了。

过去，老上岗子面茶，清晨，天蒙蒙亮时，小铺开张；等到天色亮了，二百多碗，就卖光了。上岗子面茶凭着独特的手艺，在老天津卫独占鳌头。

成善卿《竹枝词》云："风味小吃曰面茶，味美解饥实堪夸；糜子小米熬作粥，椒盐麻酱姜末撒。"此为北京面茶的描述，和天津面茶大异其趣。梁实秋《雅舍谈吃》写道："'面茶'在别处没见过。真正的一锅糨糊，炒面熬的，盛在碗里之后，在上面用筷子蘸着芝麻酱撒满一层，唯恐撒得太多似的。味道好么？至少是很怪。"可见梁老爷子对北京面茶并不认同，究其原因，可能是北京人吃面茶与天津卫吃法迥然不同。另外，棒槌馃子的缺失，宛如没有捧哏的对口相声，那效果就大打折扣啦！

水馅包子

水馅包子，不是汤包，也不是灌汤包，而是天津独有的包子制馅方法、制馅标准和成馅形态，也是对天津包子的统称。不管你是永胜包子、二姑包子、陈傻子包子、张记包子、姐妹包子、老城里包子、老鸟市姜记包子，还是炉炉香包子、集美林包子，其制作方法、质量标准，依然是水馅包子。天津包子尽管名目繁多，牌匾各异，但其制法如出一辙：第一是半发面，第二是大肉水馅，第三是外观的菊花褶儿。

首创大津水馅包子的，就是大名鼎鼎的狗不理包子的创始人高贵友。有关狗不理包子的传说版本很多，流传很广，但比较可信的，当推高贵友之孙高焕章提供的资料。天津市政协文史资料委员会收藏了高焕章写给时任天津市副市长王光英的一封信，信中说："'狗不理'是我祖父的乳名。他本名叫高贵友……"得，此句话，盖棺论定。什么街头传说，文人钩沉，影视演绎，小说推理，统统归于杜撰，还得以高家嫡系正根儿孙子的白纸黑字为凭。

河北省青县县志与天津市武清区区志，均将高贵友列为地方名人。其实，高贵友的父母是河北省青县人。当年，顺着运河逃难来到天津，最后落脚在今属武清区的藕店村。藕店村多出面案厨师，天津城北侯家后的"刘记蒸食铺"的老板即是藕店村人。清道光二十五年（1845），十四岁的高贵友来到刘记蒸食铺学徒。三年学徒期满，又干了"两节"的谢师活儿。师傅喜欢这个寡言少语但脑子灵活、手脚勤快的小同乡，便将平生经验倾囊相授，并殷切期望他在蒸食行里干出名堂来。起先，高贵友在刘记蒸食铺附近租了一间小门脸儿，专卖硬馅发面大包。何为硬馅大包？就是菜肉混合包子。冬春两季卖猪肉白菜、猪肉芹菜包子；夏秋两季猪肉茴香、猪肉豆角包子；入夏前和秋后搭着卖一点韭菜馅儿素包子。

高贵友吃苦肯干，在包子制作上从不偷工减料，不掺杂使假，尤以制馅儿技能出众闻名，加之物美价廉，远近食客慕名而来，买卖逐渐兴隆。咸丰六年（1856），高贵友二十五岁，将对门一间房子租来改为操作室，又招请十余名伙计，扩大经营，包子铺有了正式字号——"德聚号"。但"德聚号"这个文绉绉的字号始终没有叫响，人们仍习惯于亲切称呼高贵友的小名——"狗不理包子"。于是，"狗不理"不仅是包子铺的代名词，进而成为深受天津人喜爱的传统品牌。

针对包子硬馅不成团的弊病，高贵友的改造试验从做馅入手。选用肥瘦3∶7比例的鲜猪肉，剁成肉末。用猪骨、猪肚调制的高汤和上等酱油调馅儿。要求按一个方向、一定比例，将高汤和酱油分多次徐徐搅入剁好的猪肉末里，再放小磨香油和姜米葱末。这种精心调拌的稀软适度的馅料，人称"水馅"。水馅包子蒸熟下屉，馅心松软成丸，咬开一兜肉汁，鲜香醇酽，肥而不腻。同时，将大发面改成一拱肥的半发面，即将酵母粉与面粉清水和匀，发酵一段时间。待面肥花拱起时，再兑碱捴透，经略饧后，再揉面、搓条、下剂、擀皮。此法所制面皮儿，死面起骨头作用，发面起肉的作用，优点是不透油、不掉底，柔韧而有咬劲，软脆兼具，避免了小笼包、灌汤包为保留肉馅汤汁而面皮发死的弊病。最后上炉用大火硬气蒸制，保证了包子外形的美观。从此，色、香、味、形俱佳的天津水馅包子在高贵友的精心研制下诞生了。

高贵友的狗不理包子，发端于侯家后，成名于北大关。生意兴盛时，在南市、法租界等地均设分号。在天津，无论官宦名流、富商大贾、绅士淑女，还是平头百姓，就是洋人，也以请吃狗不理包子为美谈。狗不理包子出名，还得益于慈禧和袁世凯等名人效应。据传，袁世凯任直隶总督时，手下官员买狗不理包子送礼。他品尝后甚为惊奇，就时常派人买狗不理包子，并将狗不理包了上贡清廷后宫。慈禧品尝后称赞不已，传旨天津县定期进贡。从而，"狗不理"名声大振，誉满海内。时至今日，外地客人每到天津，必尝"狗不理"包子。有"不吃狗不理，就不算到天津"之说。

天津歇后语云："狗不理的包子——一屉顶一屉"。一方面是说"狗不理"买卖兴隆；另一方面说明吃天津包子有讲究，趁热吃，个回笼。高贵友制作包子技术一流，经营头脑一流。他经常为员工灌输他的经营理念：做买卖要有回头客，才能兴旺；包子凉了不能回笼，回笼的包子保证不了质量。他选择回头客，杜绝回笼包子。几天前，一档外地的美食节目介绍天津包子，主持人膛口大，咧开大嘴叉子，一口一个包子,还吃得津津有味,可看得人胆战心惊,生怕包子滚烫的汤汁烫破主持人上牙膛的嫩皮。您这是吃天津包子吗?!您这是糟践天津包子!天津包子虽不像河南开封天下第一楼的灌汤包那样,要用"轻轻提,慢慢移;先开窗,后喝汤;抹抹嘴,满口香"的复杂吃法,但也有自己吃包子的讲究。还是大美食家梁实秋老先生了解天津包子的真谛。"天津包子也是远近驰名的,尤其是狗不理的字号十分响亮。其实不一定要到狗不理去,搭平津火车一到天津西站就有一群贩卖包子的高举笼屉到车窗前,伸胳膊就可以买几个包子。包子是扁扁的,里面确有比一般为多的汤汁,汤汁中有几块碎肉葱花。有人到铺子里吃包子,才出笼的,包子里的汤汁曾有烫了脊背的故事,因为包子咬破,汤汁外溢,流到手掌上,一举手乃顺着胳膊流到脊背。不知道是否真有其事,不过天津包子确是汤汁多,吃的时候要小心,不烫到自己的脊背,至少可以溅到同桌食客的脸上。相传的一个笑话:两个不相识的人据一张桌子吃包子,其中一位一口咬下去,包子里的一股汤汁直飙过去,把对面客人喷了个满脸花。肇事的这一位并未觉察,低头猛吃。对面那一位很沉得住气,不动声色。堂倌在一旁看不下去,赶快拧了一个热手巾板送了过去,客徐曰:'不忙,他还有两个包子没吃完哩。'"

就像梁实秋老先生说的,吃包子"不一定要到狗不理去"。现在的狗不理,足令平头百姓望而却步,犹如邻家大妞攀入侯门,珠光宝气,"升级换代",身价陡升,令人可望而不可即。台湾旅行作家高文麒在《天津食乐指南》消费便利贴中提示游客:"狗不理包子味道是不错,但是价格实在不便宜,传统风味的包子套餐一份八个,四十八元算起来一个包子六元(差不多三十元新台币),这可是我吃过最贵的包子。其实很多其他的包子铺也有味道不错的，不见得非吃狗不理不可。"

过去，专有回收包子铺卖剩下的包子的小贩，到晚上，走街串巷吆喝着卖。小贩用油将凉包子煎成"油煎包"，现煎现卖，别有风味。由此，提示外地的朋友，带回家的天津包子，不要用锅再蒸，更不要用微波炉回热，油煎是最佳选择。

天津民谚：包子有肉不在褶上。天津人不吃名号，吃味道。您想吃原汁原味、经济实惠的天津包子，那还得走入寻常巷陌的大众包子铺，那一个肉丸、汤汁盈口的天津味儿会让您吃一次，想两次。

什锦烧饼

走遍中国，纵横南北东西，无处没有卖烧饼的。只是烧饼、火烧因地域不同，概念有异，形状有别，而称呼不同。以发酵面夹油酥面擀制成圆形，经烘烤而成的，称为油酥烧饼；一面或两面蘸上芝麻的，称为芝麻烧饼；夹各种馅料的，统称为什锦烧饼。另外，因制法不同，又分为平锅烙烧饼、烤炉烧饼、吊炉烧饼、缸炉烧饼等。

天津也是烧饼、火烧遍大街，且品种十分丰富。最常见的是油酥烧饼、芝麻烧饼、麻酱烧饼，这是吃早点、涮羊肉的最佳搭配。什锦烧饼以津门百年老号"明顺斋"为代表，有甜的或偏甜的，有甜咸、白糖、豆馅、澄沙、枣泥、红果、豌豆黄、麻酱等；荤馅的有猪肉、咖喱牛肉、香肠、腊肠、火腿、干菜肉末等；素馅的有萝卜丝、冬菜、梅干菜等十几个品种。

另有一种"吊炉烧饼"，半发面擀开后撒一些花椒盐，抹上油做成剂子，擀成烧饼状再撒上少许芝麻，放在铛上，使旺火烤；一面金黄色微微凸起，另一面用炭火烘烤发脆。刚出炉的吊炉烧饼，焦嫩同体，略带咸味，愈嚼愈香，百吃不厌。将面剂压入鱼形木模中，磕出，烤制而成，就成了另一名品"吊炉鱼饼"。另外还有"吊炉什锦油酥烧饼"、"吊炉螺蛳烧饼""吊炉翻层烧饼""吊炉莲花酥""吊炉梅花酥""吊炉麻仁草花酥""吊炉一品烧饼"等品种。

与其近似的还有"炉干烧饼"和"硬面烧饼"。面粉和成硬面团，反复揉匀，下剂，擀成扁圆形，周边划上距离相等的刀痕，呈花边状，正面打上图案，也是先烙后烤，即为"硬面烧饼"。硬面剂里包入蘸有食油的小面剂，擀圆，在一面蘸上芝麻，将其烙黄，再刷上糖稀水，以明火将另一面烤至焦黄色，就成了"炉干烧饼"；加上豆馅，就是"硬面豆馅烧饼"；还有"硬面糖烧饼""硬面芝麻糖烧饼"等。

还有一种"油酥肉火烧"，与什锦烧饼中的猪肉馅烧饼和褡裢火烧不同，自有一番风味。用清水和熟猪油加面粉搋成水面皮，包上用面粉、熟猪油搓成的酥面，擀长，卷好，下剂，擀成圆皮。高汤、葱姜末、香油、盐、肉末，调制成肉馅，包上面皮，擀成小圆饼，上铛烙成两面金黄，再上炉烤熟。吃时用手托着，咬一口酥脆掉皮，风味、口感独特。"葱花脂油饼"是"油酥肉火烧"的精简版。脂油、葱花、芝麻、盐和匀，抹入水面皮卷好，盘压成扁圆形，小火烙熟烙透即成。入口即酥，脂香、面香、葱香，满口生香。

"藤萝饼"是应时到节才会有的美食。春天，藤萝花开。择鲜藤萝花洗净，与脂油丁、白糖搓匀，放瓷坛中封严，七日后，挤出水分剁碎，再加白糖拌匀，包入半发面制成的面皮上，擀成小圆饼，先烙后烤。咬一口，甜而不腻，脂香、藤萝花香充斥喉间。与其媲美的是"椿芽饼"。选香椿嫩芽，洗净，焯水，剁碎。与盐、植物油和成馅，包入以半发面制成的面皮包上，擀成小圆饼，也是先烙后烤即成。香酥中带有香椿芽特殊的香气。

"牛肉烧饼""肉末烧饼"在天津也盛行经年。油酥烧饼或芝麻烧饼中间剖开，夹上酱牛肉，美味，实惠，硬磕。半大小子，吃跑老子。两套牛肉烧饼下肚，老子不跑，小子跑。肉末烧饼与市场中的烧饼做法不一样。它将发面和好兑碱，加一点白糖揉匀，揪成小剂子，将剂子用手掌在案板上压成圆片，拿在左手，另用2克左右重的面球，蘸上一点香油，放在圆片中央，把小面球包进去，然后手按成扁圆形饼，饼上刷上点糖水，粘上芝麻仁，麻仁面朝上，放入特制的有柄的饼铛中，用炭火烤熟。为什么烧饼中间要夹上蘸香油的面球？原来，吃的时候，掰开烧饼能完整地取出面球，使烧饼中空，用来夹炒肉末。肉末烧饼本来是北京特产，但是，天津也有此味。张中行先生撰文《遥忆津门旧口福》回忆道："我最初吃肉末烧饼在30年代早期，北京北海北岸的仿膳。记得只是三四间简陋平房，卖肉末烧饼，还卖小点心豌豆黄和栗子面窝窝头。据说厨师仍是御膳房的那一位，所以名下无虚士，还清楚记得，烧饼夹肉末，入口外酥内香，味之美，真是非天厨莫办。……40年代前后天津法租界一个小馆新伴斋。其时老友齐君在天津工作，熟悉那一带情况，又因为吃过觉得好，所以每次到天津，一定同齐君到那里去吃，而且常常不止一次。怎么个好法？也只是觉得，与北海北岸的老仿膳，毫无差别而已。"

说天津烧饼，不得不说杜称奇。杜称奇简直就是天津烧饼的代名词。

1918年，杜称奇夫妇两人在天津南门西鱼市姚家下场以一张小案子卖蒸食、火烧。这时的火烧、烧饼还没有明确分家。从他的产品中就可以印证这一点。他烙火烧有绝招：先用大葱、大茴香把油炼制，使之入味，然后再合酥。火烧味正醇香。由于杜称奇手艺超群，经营有方，业务不断扩大。1922年，由支案设摊改为店铺，"杜称奇火烧"享誉津门。后进一步翻新花样，红果馅、豆馅、甜咸等火烧也很受欢迎。20世纪50年代初，京剧大师梅兰芳来津，派人买杜称奇火烧，品尝后大加赞扬，成就一段名家与美食的佳话。

与杜称奇同时期的烧饼铺还有"义香斋什锦烧饼铺""明顺斋馅烧饼""石记吊炉烧饼铺""品记成的烧饼"等等。1980年代后出现的"炉炉香烧饼""杨胖子烧饼""烧饼王"等，后来居上。无论品质品种，都保持了原有风味。其中的炉炉香"缸炉烧饼""缸炉油酥烧饼"，便是众烧饼中的佼佼者。特点是用缸做成炉子，将烧饼生坯贴在缸壁上烤制而成，故名缸炉烧饼。缸炉烧饼色泽浅黄，外皮酥内瓤层次分明，筋道利口。改革开放初期，京剧大师张君秋应时任天津市市长的李瑞环邀请来天津演出，特意到炉炉香吃缸炉烧饼。张大师是美食行家，买到烧饼，走出门口，先找避风地，从纸兜里轻轻取出外表呈虎皮色的烧饼，就热大快朵颐。个中美味自不必言说。

现在，人们晨起早点最常见、最常吃的是油酥烧饼、芝麻烧饼、麻酱烧饼和什锦烧饼。不知从什么时候开始，火烧逐渐从烧饼的行列中分离，专指大发面长方形的为火烧，也有称"烤饼"的，可能是它的功用更接近饼。加上驴肉，就是河北名吃驴肉火烧；夹上炖猪肉，就是西安的名吃白吉馍腊汁肉。

有一种火烧是天津独有的，耷拉火烧，就是家常肉馅火烧。这可能是从馅饼、锅贴演化而来。似馅饼，但外形长方；似锅贴，但两头封口。因外表似长方形火烧，而称为"火烧"；又因为两头封口而形成的面皮较大，而加前缀"耷拉"。也有说是，由于面软，上铛时要顺势把软软的火烧坯子搭在铛里，所以天津人叫"耷拉火烧"。北京叫"褡裢火烧"，因外形似旧时买卖人常用来盛钱物的"褡裢"而得名。这种火烧，津门大妈大姐都会做，是天津卫的家常食品。三鲜馅的是猪肉、鸡蛋、虾仁、海米、木耳，另外，可以俏韭菜或韭黄，以增强鲜味儿。冬天，大白菜看家，白菜帮子没人爱吃，聪明的家庭主妇，将白菜帮子剁成细末，加猪肉馅拌匀，大白菜为主，猪肉为辅。包成，上油铛两面煎熟。外焦脆，内松软多汁，油香、面香，混合着一点肉香。荤素搭配，营养丰富。

到天津旅游，或天津人到外地出差，带上什锦烧饼，各是各味，每顿吃一个味儿，够您吃上三天，绝不重味儿。

煎饼馃子

煎饼馃子之于天津人,好比北京人之豆汁儿。借用胡金铨先生名言"不能喝豆汁儿的人算不得是真正的北平人",享受不了煎饼馃子美味的人,算不得是真正的天津人。

天津人吃煎饼馃子有一百多年的历史了。听老辈儿人们说,天津卫过去有一种吃食叫"煎饼见热"。每到晚半晌儿,有挑担走街串巷的小贩,沿街吆喝"煎饼见热"。挑了一头是小火炉,上面放着铁铛;另一头是密封的食盒,食盒中放着提前摊好的绿豆煎饼。有食客买煎饼,小贩会将煎饼在铁铛上用油煎热,再抹上酱料。有的小贩专吃戏园子,每临灯火阑珊,戏园子电影园子门口,就有推小车售卖煎饼见热的。不知何时,绿豆煎饼里裹上了馃篦儿或棒槌馃子。20世纪五六十年代,中国大戏院旁边路口处,有一煎饼馃子摊,晚上散戏时,很多听众就趋前买上一两套垫吧垫吧。名净裘盛戎也好此口,只要到中国大戏院演出,晚上必吃。摊主总要等裘先生卸了妆，买了煎饼馃子，方才收摊回家。相声大师侯宝林更是煎饼馃子的拥趸，每到天津，也是必吃煎饼馃子。

"文革"时，人们基本上没有了夜生活，卖煎饼馃子的改在早上出摊儿。煎饼馃子由夜宵变成了早点。随着经济发展，思想解放，文化生活不断丰富，夜晚娱乐活动回来了，夜宵的需求也就回来了。于是，煎饼馃子由早餐，延伸到夜宵。于是，无论春夏，不管秋冬，每天清晨，大街小巷的煎饼馃子摊儿前总是排着那么多手里攥着鸡蛋的"粉丝"；每天夜晚，底商窗前煎饼馃子专卖店生意红火。这不能不说是天津卫、海河边才能看到的一景儿。

天津一位知名记者曾写道："煎饼馃子对我简直是一种私爱，自认它是我的第一美食。这么多年，煎饼馃子对于我近乎一种诱惑，一种情结。一年三百六十五天，除去出差和一些特殊情况，我的早餐就是煎饼馃子，而且我绝不买回家、买回办公室吃，必须立于摊前，风雨无阻，现做现吃。看着摊主将以绿豆面为主的粉面均匀地摊在热铛上，随着那熟练地轻轻一磕，立刻鲜艳地沸腾起来了，这之后抹上甜面酱、腐乳，放上葱花，再撒上一点儿香菜或芝麻，趁着热，趁着香，趁着脆，一口气吃了，那份痛快实在难以言喻。到国外考察，每每和麦当劳、邦尼以及其他什么洋鸡遭遇，总是不以为然，总觉得那些西式快餐和我们的煎饼馃子根本无法相比。"

郭德纲有段相声，曾戏谑了"非天津卫"的煎饼馃子，说那种用白面做皮，夹着霜打茄子般的油条，吃时得用火筷子往下捅。我也时常感慨，谁要是想虐待我，就给我一套那样的煎饼馃子。

天津煎饼馃子有讲究。首先是煎饼讲究。选用大颗粒的面绿豆，先用石磨将其粗磨成两半，浸泡后，将浮在水面上的绿豆皮捞出来，再用石磨将去掉皮的绿豆细细研磨成糯糊，加上香料摊成煎饼。这样的绿豆煎饼柔韧光洁如软缎，豆香宜人。其标准是：不煳不粘，不碎不散，外形整齐，薄厚均匀。磕上鸡蛋，既增强了营养，又使颜色黄绿白相间，美观诱人。传统的煎饼馃子摊前，都捎带卖绿豆皮。绿豆皮装枕头，祛火解毒。特别是新生婴儿，使用绿豆皮装的枕头，不起头风，不长头疮。现在，很多煎饼馃子摊，泡绿豆不去皮，靠电动石磨研磨，出浆还算细致，且加大了煎饼馃子祛毒养颜的功效。

其次是馃子、馃箅儿讲究。棒槌馃子、大馃箅儿是煎饼馃子的灵魂，要热、鲜、挺、脆、香。一般的煎饼馃子摊儿旁，都傍着炸棒槌馃子、馃箅儿的馃子摊儿。或者，干脆自己准备油锅，现炸，现用，现卖。新摊出来的煎饼皮儿再裹上刚出锅的棒槌馃子或馃箅儿，才能保证口感焦脆生香。

再次是配料讲究。面酱要油炸过的天津甜面酱；酱豆腐要调成稀稠适中的腐乳汁；辣酱辣油要鲜红油亮；芝麻熟而不煳，香气醇厚；葱花细碎，要选山东白根大口甜的大葱，多用葱白少用葱叶。葱花不能随煎饼一起摊，否则，熟葱会泛出葱臭味儿，影响口感和整体香味儿。这些小料的使用，只为一个目的，既要遮住绿豆的豆腥味儿，又要尽可能地提出绿豆的豆香气。煎饼的豆香，馃子的油香、面香，面酱回甜，辣油微辣，芝麻香醇，葱香浓郁，将煎饼馃子的复合型香气发挥到极致。煎饼的清爽柔韧，馃子的油润焦脆，将口感推至登峰造极。现在的煎饼馃子与时俱进了。孜然、五香面，甚至虾酱、虾皮也挤进了煎饼馃子的队伍。更有甚者，西为中用，效法热狗、三明治，生菜、西红柿、小香肠大行其道。"改良煎饼馃子",为"新新天津人"欢迎。老天津卫的基因里还是充斥着煎饼馃子的老味儿。

煎饼与馃子之组合而成"煎饼馃子"始于谁手？无从查考；但二者的原产地，却很清楚：煎饼源于山东，馃子由杭州油炸桧而来。

相传孟姜女哭长城，自备干粮就是煎饼。1967年，泰安市省庄镇东羊楼村发现了明朝万历年间的"分家契约"，其中有"鏊子一盘，煎饼二十三斤"的记载。由此确知，最迟在明朝万历年间，现代煎饼的制作方法就已存在。山东煎饼卷大葱，这种吃法由何而来呢？但凡人间美味总伴有美好的传说——沂蒙山下弥河岸边，聪慧漂亮的黄妹子和文弱书生梁马，情投意合。但黄妹子的继母嫌贫爱富，设毒计欲置梁马于死地，打算饿死梁马。黄妹子急中生智，烙了一沓很薄的白饼，切得方方正正，状如白纸，将大葱剥叶去根如笔杆一般。让丫鬟将"纸""笔"给梁公子送去。梁马吃着"纸"和"笔"，刻苦攻读，精神百倍，果然中了状元。最后有情人终成眷属，夫妻仍不断重温吃"纸"吃"笔"的那段生活。于是，这个爱情故事传扬开来，煎饼卷大葱的吃法遂成民间美食。

杭州有一道风行千年的著名小吃"葱包桧"，是把"葱"和"桧"（天津的棒槌馃子在杭州叫"油条""油炸桧"）裹在春饼里，就是春饼与油条的组合。其做法是，白面糊摊春饼，卷上四寸许的袖珍油条和葱段，抹甜面酱，撒雪里蕻咸菜末。面香、油香、葱香、雪里蕻咸菜香浑融为一，风味独特。杭州网友谈吃葱包桧的感受："油香，伴着油条面皮的焦香，再加上甜酱或辣酱，送入嘴里，满口的香气在五脏六腑内游走，让人无限舒坦。""脆脆的面皮，扎实的油条，偶尔咬到的几根葱，真的是儿时下午茶全部的回忆。"

春饼面皮或软或艮或焦煳，而绿豆面制作的煎饼，其柔韧豆香应优于白面做的春饼。天津餐饮烹调擅长"兼容并包"——接受山东煎饼的启发，用绿豆面取代玉米面；放上鸡蛋，使煎饼脆而不焦，韧而不艮。用面香、油香四溢的棒槌馃子取代大葱，避免了刺激、生猛味道。以优化后的山东大煎饼为基础，妙取杭州葱包桧之形，经过融汇改造而创造出美味的煎饼馃子。豆面煎饼的朴素又综合了馃子的油腻，从而臻于"豆香裹油香，荤素两相宜"的境界。

台湾著名旅游作家高文麒显然读懂了这一点。所著《天津食乐旅游指南》中"食在天津——天津小吃"栏首推煎饼馃子，确认了煎饼馃子在天津美食中至高无上的地位。

最后说一句，吃煎饼馃子要双手捧着吃，以保持煎饼与馃子包裹紧密，不松不散。这与天津另一名吃——面茶，有得一讲。喝面茶，也要使双手，一手托碗，一手持棒槌馃了。由此，天津流行一句歇后语——"煎饼馃子就面茶，好吃不好拿"。一位外地电视台的主持人转了一圈天津食品街，便自作聪明地说天津的早点小吃都是单手拿着吃的，还愣说成是天津的码头文化使然，简直令人笑掉大牙。

嘎巴没菜

没有文化的假文人好事，更喜欢附庸风雅，天津人称为"臭显摆"。不知哪年哪月哪位假文人将本来好听好读概念准确的"嘎巴菜"，非要写成"锅巴菜"。还说：锅巴菜是学名，嘎巴菜是俗名。似乎"锅巴"比"嘎巴"文雅。岂不知，混淆了两种食品的概念。其实，"锅巴"是锅巴，"嘎巴"是嘎巴，是截然不同的两种食品。中国大百科全书出版社1992年出版的《中国烹饪百科全书》采用了"嘎巴菜"名。

天津人习惯将铁锅焖米饭时锅底结痂的部分称为"锅巴"，由此烹制的菜肴如"虾仁锅巴""三鲜锅巴""天下第一响"等。也有天津人将"锅巴"称"嘎巴"的，但一定要在"嘎巴"前加前缀，如"饭嘎巴""米嘎巴""米饭嘎巴"。天津人说"嘎巴"，是面制品，多指熬玉米面粥或棒渣粥时锅底的结痂物。摊煎饼多用玉米面、大米面、小米面、绿豆面，与天津有人说的嘎巴为同一制品。碎煎饼加卤汁，即是

"嘎巴菜"。

有人说，嘎巴菜是由煎饼馃子演化而来。还引用天津卫老话"先有煎饼馃子，后有嘎巴菜"以为佐证。我觉得有几分道理。过去，天津摊煎饼馃子的将摊碎不成形的煎饼舍不得扔掉，积攒下来，学了山东人煎饼汤的做法，自制卤汁，自己食用。这种将碎煎饼泡在卤汁里的吃法，就成了后来的嘎巴菜。有人引述蒲松龄《煎饼赋》中盛赞以切条的煎饼泡卤的吃法："更有层层卷折，断以厨刀，纵横历乱，绝似冷淘，汤合盐豉，末剉兰椒，鼎中水沸，零落金条。时霜寒而冷冻，佐小啜于凌朝，额涔涔而欲汗，胜金帐之饮羊羔。"将嘎巴菜与煎饼的关系交代得一清二楚。

走遍全国全世界，可能只天津才有嘎巴菜。嘎巴菜的做法是，用八分上等绿豆混合二分小米或大米磨面调糊，摊成煎饼，改刀成六厘米长、一两厘米宽的柳叶条。制卤分两步，先将葱、姜、香油炝锅，炸香菜梗至焦黄色，再加入面酱、酱油、八角粉，锅开后制成卤料；另烧清水加大盐搅拌，融化后两锅合一，待开锅后下姜末、五香面、大料，上好团粉勾芡制成汤卤。出售时，嘎巴放入汤卤略微浸泡搅拌，随即盛于碗内，不粘不散，松软筋道。上面放绿的香菜末、酱黄的麻酱、粉红的酱豆腐汁、鲜红的辣油、黑的炸卤豆干丁等小料，以调味调色。一碗嘎巴菜五颜六色，咸香醇厚，香菜、八角味儿扑鼻。特别是用洗面筋洗出米的浆粉打的汤卤，黏稠适中，浸润着嘎巴，不糗不澥，齿颊生香，回味绵长。

嘎巴菜的卤汁是素卤。而山东的煎饼汤是鸡汤调制而成。这也是二者的根本区别所在。这也正是外地朋友介绍天津嘎巴菜时容易出错的地方。另外，天津的老豆腐的卤汁是荤卤。所以，凡是卖嘎巴菜有卖老豆腐的天津早点部，都支两口卤锅的原因。二者不可相互替代。

确实有资料记载，当年，万顺成的嘎巴菜就是荤卤，肥瘦肉片加木耳、黄花菜制卤。大概是还没有摆脱山东煎饼汤的制作影子吧。

关于嘎巴菜的创制问题，天津民间传说有两个版本。

《天津特产风味指南》记载了嘎巴菜的来历。早年天津大直沽穷苦的李奶奶，救济了一位进京赶考的青年学子，他因盘缠用尽而陷于困境。李奶奶将家中熬粥时残存在锅沿儿上的嘎巴用水煮开，放些作料，为学子充饥。后来，这位学子中了状元，以巡抚大员身份来天津视察时，重礼酬谢李奶奶以报一饭之恩。他对天津县官赞扬嘎巴菜如何美味。县官请李奶奶到衙门一展厨艺。李奶奶只得用杂豆面调水成糊，在铁铛上摊成薄饼切成条，聊作嘎巴。用鸡汤打卤，将嘎巴盛碗，调味。县官吃后，甚感新奇，赞不绝口。自此，嘎巴菜竟在天津流传开来。

另一版本是因嘎巴菜老字号"大福来"而产生的。大福来的诞生，演绎成分比较浓重，竟扯到水浒一百单八将之一菜园子张青和孙二娘的身上。说其后人张兰在天津西北角南运河边的西大湾子开了一家张记煎饼铺，生意平平。乾隆二十二年（1757）的一天，乾隆皇帝顺运河微服私访路过此地，已过吃饭时间。看到煎饼铺，就想尝尝民间的煎饼卷大葱。便走进张记煎饼铺，吃着煎饼卷大葱，忽然口渴难耐，便叫上汤。店里本来不卖汤，可张兰觉得这位客商谈吐不俗挺有身份，便招呼内人郭八姐做汤。郭八姐想起当年自己常吃的糊饭嘎泡菜汤，又解饱又解乏。当即就把现成的煎饼撕成碎片浸入菜汤中，再放上油、盐和香菜等，一大碗热乎乎的清汤就端了上来。乾隆觉得煎饼爽口，清汤顺口，指着汤问道："叫什么名字啊？"郭八姐以为问自己姓名，遂答道"郭八……"乾隆一听，便说："锅巴倒也合理，锅巴的嘎巴嘛！若再加个菜字，叫锅巴菜，最宜下干粮，更好。"第二天，乾隆的侍卫来到张记煎饼铺，开口就说："掌柜的，您的大福来了！"搞得张兰莫名其妙。侍卫如此这般一番解释，并端出乾隆赏赐的二百两纹银交与张兰。张兰跪叩谢恩。从此，"大福来"取代了"张记"，煎饼铺改成嘎巴菜铺，生意红火起来。到了光绪年间，张兰的重孙张起发又改进了工艺，发明了大小卤制法并添加了六种小料，不断完善提高，才有了今天人们交口称赞的中华名小吃——大福来锅巴菜。这个故事，无意中揭示了"嘎巴""锅巴"混淆的根源，还是乾隆惹的祸。其实，大福来历史渊源是：清光绪年间，创始人张起发，在天津城西头土地庙前，以优质原料制作嘎巴菜，色、香、味、形俱佳。在竞争中，独树一帜，独占鳌头。解放后，公私合营，扩大了经营。1958年，迁至红桥区西大湾子北口。"文革"期间，更名为"新胜利早点部""西大湾子早点部"。1980年，恢复老字号。

  老年间，天津有名有号的嘎巴菜铺很多，盛极一时的有万顺成锅巴菜、张茂林锅巴菜、宝和轩锅巴菜，最负盛名并传承至今的当属大福来。胡同里巷，名不见经传，但味道极好的也不在少数，甚至超过名门老号。社会历史学家李世瑜有一段回忆，活灵活现地讲述了他家附近嘎巴菜铺的景象："我世居天津梁家嘴，我的房后面是一条街叫土地庙前街，街上有几家铺面，有一间不大的房子是一个早点部，掌柜的叫张八，专卖锅巴菜，每天就做两三个小时的生意。其余的时间就在这间屋里操作，准备第二天卖的锅巴菜。早晨卖的时候张八喊一嗓子：'锅巴菜熟了'，就喊一声，用不着第二声，各家都出来买。有在那里吃的，有拿锅盆打回家的。他的锅巴菜有特点，纯绿豆，上小水磨磨成浆，在大锅里摊成薄煎饼，晾干后切成长方形条块，卖之前打卤，先用水熬蘑菇，用熬的汤打卤（卣来碎的蘑菇末），打卤有特殊技术，卖到底还是黏稠的，不会吃到一半就化成水了。盛到碗里再配料，有麻酱、酱豆腐、烂蒜、辣椒、香菜末，还有炸香干，即将香干切成小薄片过油炸焦，撒在碗里。张八的锅巴菜铺没有名字，解放前他死了，由他儿子小张八接替，还是照着他的办法经营，生意很好。我从小就爱吃这一口，每天早晨听房后一喊，母亲就叫佣人端着锅去打。小张八开的小摊价钱比大福来贵近三倍，一个是七分，一个是两毛，我宁愿花三倍的价钱吃张八味儿的锅巴菜！"

嘎巴菜美味何如？看看我的好友中国十大优秀拳种之一——开门八极拳第七代掌门人吴连枝怎么吃嘎巴菜的，您就知道了。吴连枝，河北省沧州市孟村人，自幼随父吴秀峰在天津生活，与嘎巴菜结缘。回原籍后，对嘎巴菜仍是念念不忘。每次进津，必吃嘎巴菜，曾创下一次吃六碗嘎巴菜的纪录。六十五岁的吴连枝，传播开门八极拳，徒弟众多，足迹踏遍中华大地和数十个国家，可以说是品尽天下美味，但对嘎巴菜情有独钟。他嗜吃嘎巴菜，且还研究嘎巴菜，说起嘎巴菜，头头是道："如何判别嘎巴菜的质量？一是嘎巴品质，精品嘎巴用绿豆为主料，配置少量老米。以吃出豆香和米的脆感为佳。绿豆用时要去皮，豆米配比随季节变化而不同。二是嘎巴外观，正宗嘎巴外观为浅豆绿色，呈柳叶状。三是卤汁外观，颜色鲜亮，稠而不黏，吃尽碗中嘎巴，余汁不澥不散。四是卤汁品质，正宗为素卤，而鸡蛋、牛羊骨汤等皆为伪做，无法吃出嘎巴菜精纯原味儿。五是卤汁制法，嘎巴菜卤汁是两锅成形，行话叫'大小卤'。第一锅为卤汁酱料，第二锅为卤汁成形。嘎巴菜为混合味小吃，如香油使用不当，可使食客感觉不到'混合'气味。"

可谓，吃出门道，吃出品位，吃出学问。

回汉羊汤

全国喝羊汤的地方不少,特别是北方,特别是回族居民相对集中的地区。天津的羊汤有一个特别的地方,回族居民做羊汤,汉族居民也做。且各有各的特点。

天津建卫之前,元朝定都北京,派康里军两千人到直沽屯垦驻扎。这支色目人军队"即编民人社",成了天津最早的穆斯林。到了明朝洪武年间,朱元璋四子朱棣被封为燕王,驻守北平,随行的浙江钱塘人士回族将领穆重和就曾驻军在直沽小孙庄。穆重和有两个儿子,名穆能、穆太,永乐二年穆氏族人乘御赐漕船来到小孙庄,安家落户,繁衍生息,从此小孙庄就变成了穆庄子,也就是今天的北辰区天穆村的大部分地区。大概到了明万历年间,穆家庄第九代子孙穆从玉率领全家迁往现在的河北区金家窑一带居住,和这里的另一些漕运回族组成了天津又一个重要的回族聚居区。至于天津人熟知的西北角回族聚居区,其形成都是清朝时候的事了。这就是天津回族居民的历史由来。有了回族居民，自然就有了清真美食。

回族居民饮食习惯上有自己一套禁忌，有别于汉族居民。他们在吃食上形成自己的一套传统，缔造出一系列清真美食。天津穆斯林也不例外，回族饮食回族人做。从事餐饮业，特别是制作小吃，便成了回族人的一门手艺。像油香、馓子、散木萨属于和宗教节日有关的特殊小吃，一般不卖给外族人，而回头（软面剂子擀成薄饼，放入牛羊肉馅，折好两边，油煎，是天津回族民众传统食物）、烧麦、羊汤等小吃已成为天津回汉两族饭桌上的家常菜。

羊汤是羊肉汤、全羊汤、羊杂汤、羊杂碎汤的总称。天津羊汤，多指羊杂汤，也叫羊杂碎汤。正宗清真羊汤，汤色乳白，杂碎整齐。制作羊汤大有讲究，先将羊肝、羊心、羊肚、羊肺、羊肠、羊头肉等整件下白水锅煮至八九成熟，然后按不同部位，分别切成条、块、片、段备用；用牛棒骨、羊骨、鸡骨吊汤至稠浓乳白。出售时，将羊杂碎放在笊篱上，在汤锅氽一下，焯热焯熟，放入碗中，再倒吊好的高汤入碗，撒上香菜末。食客可根据个人喜好，自行配韭菜花、麻酱、腐乳汁、辣椒油、虾油等。羊杂碎也可由食客单点，或羊肚，或羊头肉，价钱另算。

羊肺、羊心、羊肝颜色深，容易"染汤"，所以羊杂碎要单独煮。唯此方能保证羊汤色白味正，诱人食欲。有些商贩在羊汤里兑进羊奶牛乳，以正其色，但奶香压制了肉骨特有的鲜香，常令在行食客退避三舍。在汤中放入鲫鱼，不仅汤色乳白，还能去除腥膻，增强鲜美。一碗正宗羊汤，汤色乳白，喝完碗底不落"渣子"，汤净碗净，那才叫地道！

高级羊汤店，供应纯羊肉汤，汤内加熟羊肉块或厚一些的熟羊肉片，价格当然不菲。有些清真饭店，将精工细作的羊杂汤作为菜品，使不登大雅的小吃一展风采。所用主料有煮熟的羊肚、羊骨髓、羊眼、羊脑、羊葫芦（羊肚上的一个部位，靠近百叶）、羊百叶、羊肝、羊心、羊肺、羊肠、羊蹄筋，切成条、段、片，羊眼、羊脑、羊骨髓单放外，其他主料用沸水焯好沥水，葱姜丝炝锅，炸出香味，煸炒主料，烹料酒，放牛羊骨和鸡骨吊煮成的高汤，大火烧开改中火，三分钟后，将羊眼、羊脑、羊骨髓下入汤内。然后，盛放在讲究的大砂锅或陶质鼎器中，置于宴席中间。美食美器，俨然一道大菜。注意：羊汤不放盐，将麻酱、酱豆腐、味精、精盐、韭菜花、辣椒油、香菜末等调料单放碗中，摆在羊汤食器四周，任食者自选。

全羊汤有两种。一种如羊杂汤，但比羊杂汤丰富，头、脑、眼、耳、舌、肚、腰、心、肺、肝、肠、蹄、尾、筋、脊髓等，无一不包，每一样都要放一点儿（其实，也不可能放全，否则，就成"全羊锅"了），谓之"全羊"。还有一种，用胎羊代替牛棒骨、羊骨、鸡骨吊汤，亦称"全羊"。

各家羊汤味道不同，有简有繁，所谓"百家百味"。简单的羊汤，在主料之外加几块拍散的老姜就行了。而复杂的羊汤，要放入各种中药，有的多达四十种——这就是各家味道不同的秘诀。

穆斯林有很多禁忌，自死物不吃，非阿訇主刀的不吃，羊外腰（睾丸）、胎羊、血豆腐不吃，无鳞鱼不吃，甚至经汉族居民手制作的羊汤也不吃。这正是回汉羊汤有别之处。

晨起，一碗羊汤，一个油酥烧饼或芝麻烧饼，硬磕，美味。要是来一个牛肉烧饼，那就奢侈到家了。

炸糕起刺儿

"炸糕"是京津地区百姓的习惯称呼,无论江米面炸糕,还是小麦面烫面炸糕,抑或奶油炸糕,都是油炸的糕。全国很多地区,特别是山西、陕西地区多称"油糕"。

天津炸糕从什么时候开始,无据可考。但有一家专营炸糕的名店,倒是来历清楚。"耳朵眼炸糕",天津小吃"三绝"之一。清光绪十八年(1892),天津人刘万春做起炸糕买卖。小推车上挂"回族居民刘记"木牌,在北大关、估衣街一带现炸现卖。1900年,刘万春与外甥张魁元合伙,在北门外大街租了一间八尺见方的脚行下处(搬运工办事和休息的地方),挂上刘记招牌,干起了炸糕铺。由行商,提升为坐商,经营上了档次。一家炸糕名店,就此诞生。

刘万春的炸糕用料讲究,选用北运河沿岸杨村、河西务和子牙河沿岸文安县、霸州出产的黄米和江米作为原料。江米、黄米用水浸泡。再用石磨磨成米浆,盛在布袋中,用石头压出水分,装盆发酵,兑碱揉匀,下剂。经水浸泡的江米、黄米比干磨面颗粒细腻,口感更好。

用天津本地出产的朱砂红小豆糗豆馅。这种红小豆皮薄沙细口感好。加优质红糖,在锅内熬汁炒成豆馅,凉后做馅心。

一个炸糕用二两至二两三钱的面剂做成扁圆面皮,裹入七钱至八钱的豆馅,收口,轻压成扁球形,下到130℃热芝麻油中炸制,勤翻勤转,至两面金黄即成。出锅的炸糕,金黄酥透,色、香、味、形俱佳,咬一口后,黄白黑三色分明。黄的是炸成焦黄色的外皮;白的是糯米皮料,有嚼头,不粘牙;黑的就是甜甜的豆馅(不是豆沙馅)。金黄色表皮上布满疙瘩刺,行话称为"爆刺儿"。炸糕起刺儿之说,即由此来。

刘记炸糕外皮酥脆不腻,内里柔软糯黏,色、香、味、形均出类拔萃,赢得大量回头客。生意日渐兴隆,刘家子弟陆续进店帮忙,每日卖出炸糕百斤以上。清光绪末年,刘万春在北门外大街先后租赁两间门脸,取名"增盛成炸糕铺",人称"增盛成""炸糕刘"。炸糕店靠近估衣街和针市街繁华商区,商家富户、普通百姓过生日、办喜事,都愿意买炸糕刘的炸糕,借"糕"字谐音,取步步高之吉利。买的人多了,需要提前预购,刘记炸糕店名声大噪!生意蒸蒸日上。因炸糕店紧靠一条只有一米来宽的狭长胡同——耳朵眼胡同,人们便风趣地以"耳朵眼"来称呼刘记炸糕铺。天长日久,"刘记增盛成"被人淡忘,而"耳朵眼炸糕"却不胫而走,遐迩闻名了。

解放后,耳朵眼炸糕作为特色小吃精品,在国宴上招待外宾。刘少奇、朱德、彭德怀等党和国家领导人都曾来津品尝。金日成和西哈努克亲王等外国领导人也多次品尝,并给予很高的评价。现在,耳朵眼炸糕已跻身"天津市市级非物质文化遗产传承保护项目"之列。

天津耳朵眼炸糕餐饮有限责任公司总经理、耳朵眼炸糕第四代传人杨恩来说:"炸糕好吃关键在于白皮料的薄厚适度。皮儿太薄,容易炸硬,皮儿太厚,食客会说偷工减料不地道。有外行人说炸糕面里掺豆渣,那是瞎掰。糯米产地不同,存放时间不同,其米质和黏度会不同。我们会根据季节变化,视糯米面的黏度,适量配比大米面,以增加酥脆口感。要说改进,就是根据现在食客的口味要求,增加了豆馅的分量。虽增加了成本,但迎合了当代食客的需求。"

吃耳朵眼炸糕有讲究,应趁热吃,如放凉后再吃,味道将大为减色。带回家,放微波炉里打一下,炸糕的酥脆感全无。更不可将热炸糕放食品袋装盛,一旦捂住热气,那就成了"油糕"。天津人讲话:炸糕上笼屉——跑油又撒气。在炸糕店窗口外端纸袋趁热吃炸糕的人,那才是真正的吃主儿。

天津炸糕的另一名品,就是"陆记烫面炸糕"。虽表皮不起刺儿,但表皮酥脆,呈老红色,小巧美观,馅料有白糖馅、红果馅、澄沙馅等多种。深受津门百姓喜爱。

陆记烫面炸糕与其他炸糕最大的不同点就是用料为面粉,且要用开水烫面,揉光揉熟,然后下剂儿包馅炸制,成品呈老红色,面软而不粘牙,吃起来松软酥脆,细沙香甜。由于是烫面,所以易于咀嚼和消化,最宜老人、儿童食用。陆记炸糕制作方法,面皮是按一斤面粉用一斤半开水烫面,边烫边搅拌,使面基本烫熟,柔软又有拉力,投进面肥饧面一个半小时,放在面板上撅揉到面的横竖劲全有,才能做炸糕皮。以澄沙馅为例:朱砂红小豆经簸净,除杂,淘洗,下锅煮熟,用细丝平篦搓去豆皮,制成豆沙。另外按一斤小豆投一斤七两五钱糖,先将白砂糖入锅加水适量熬出黏性、能拉丝程度放入豆沙,再用温水上锅炒馅,调匀糖分,基本上除掉水气,制成馅儿。炸糕制作时,将面搓条下剂子,再将面打成"碗形",然后手蘸香油抹匀"碗内",上馅、合拢,按成扁圆形,放在板子上,下锅炸时掌温火,而后略微加大,等到炸糕在油锅里漂浮片刻,皮儿呈红褐色,即可出锅。因其制作方法与众不同,成品具有独特的风味,故而驰名远近。

1918年,陆记烫面炸糕创始人陆筱波,在天津东北角鸟市游艺市场创建"泉顺斋"陆记食品部,专营烫面炸糕。公私合营后,迁址北营门外大街。现并入天津耳朵眼炸糕餐饮有限责任公司。

"陆记烫面炸糕"与"耳朵眼炸糕",如春兰秋菊,各呈异彩。

羊肉香粥

天津的粥品不很发达,不像现在,一家粥旺府,就可以制作上百种粥。天津的早餐市场,八宝粥、小豆粥,比较常见,主要是为炸糕、糕干配伍。有一种已经失传了多年的秫米饭和制作工艺复杂的八宝莲子粥曾经风靡过天津早点市场,多少老天津人回忆起,无不眉飞色舞,津津乐道。

天津人习惯将面(无论什么面)熬制的称为"粥";将米(无论什么米)熬制的称为饭,或稀饭。当年,盛极一时的万顺成,熬制八宝莲子粥和小枣秫米饭就很有名。

中国甲骨文发现者王襄先生的公子王翁如老先生生前回忆:"小枣秫米饭,秫米稀饭加小枣、糖。粥烂熟黏稠。卖者担一挑,一边放粥锅,下有炭火炽着,所以总是热的,另一边放着碗筷,走街串巷,小孩爱吃。"原《天津民建》杂志总编辑高伟先生回忆:"卖秫米饭的是一位老大爷,每天早上都能准时到胡同里,总是在那个老地方放下担子,然后敲响木梆。他挑的担子一头是下面带炉子的大铁锅,另一头是个木架,木架的上方是个玻璃盒子,里面放着青丝红丝、红糖桂花。下边是围成一圈的蓝边海碗,再下边是一筲洗碗的水。用来盛饭的工具也很特别,是一个锯成斜口的竹筒,竹筒的中腰安着一根竹片做手柄。掀起锅上的大木盖,一股诱人的清香扑鼻而来。紫红黏稠的秫米饭上飘着一层滚圆的小枣,翻着小泡,冒着热气。卖秫米饭的大爷非常麻利地接过钱装在围裙的口袋里,左手取碗,右手从锅里抄起竹筒,将红稠的秫米饭倒在碗里,然后从玻璃盒子里抓出一把红糖桂花青丝红丝撒在饭上。您瞧准喽,每个碗里保准有三颗枣,不多也不少。各家的孩子们早已迫不及待地爬下炕来,拉着大人拿碗去打秫米饭。早到的人们已把饭担围了一个圈,每人双手捧着碗转着圈喝,嘴里还不时地发出哈、哈的声音,直喝得鼻尖冒出汗珠。"

八宝莲子粥就不是挑担串巷的小贩所能制作的了。万顺成的配方是:江米、莲子为主料,佐以百合、薏仁米、小枣、核桃仁、瓜子仁、葡萄干、海棠脯、青梅、瓜条、金糕等。干莲子放在粗砂锅中,加碱面、开水浇烫,搅刷,如是者三,直至把莲子皮全部刷掉,用清水漂净,将去皮的莲子切去两端,用竹签捅去莲心,再放冷水盆中蒸熟。青梅切细丝。核桃仁用开水泡后去掉黄皮,切成小块。瓜条切小片。海棠脯切圆薄片。金糕切小丁。瓜子仁、白葡萄干用温水浸洗干净。熬成后,加白糖和糖桂花。黏粥中有八种香甜果料,呈黄绿白红等色,诱人食欲,甜粥软糯,滑润清凉。用红小豆熬制的小豆粥,也广受食客青睐。

有一种粥,可能是天津独有的,那就是"羊肉粥"。

凡是写羊肉粥的资料,都说是天津小吃,并且言明有二百多年历史了。既是小吃，就应该是遍大街都有，像煎饼馃子、嘎巴菜，每个居民区里总得有个两三家。天津老人，特别是回族老人讲，过去，凡是有回族居民的地方就有羊肉粥。想当年，城西头药王庙前的"王六巴羊肉粥"与耳朵眼炸糕、张茂林嘎巴菜、杨四香馃子齐名。王六巴的羊肉粥，将羊骨头的骨油骨髓煮出来，可嚼可吮，名曰"嚼油"，滋味荤香肥美。现在，可着全天津市，就剩西北角清真南大寺门口一家，还不天天开门迎客。您要一时来兴，非要吃这口，就只有到穆斯林朋友家去解馋，还得提前预约。制作一碗正宗的羊肉粥，费时费力，前后得花去一天一夜的时间方才大功告成。这可能就是经营日渐式微的根本原因吧。

羊肉粥有些像维吾尔族的"波糯"（维吾尔语）即羊肉抓饭，饭菜同煮。但羊肉粥与羊肉抓饭相比，制作相对简单。

做羊肉粥不难，但须用心。将炖羊肉的汤加羊翅骨、腿骨、葱段、姜块、大蒜、大料、桂皮、清水，在大锅里熬制十二个小时，至味浓汤白。捞出骨头、葱姜等料，再放入粗磨成楂的大麦仁和大米（没有大米难成粥），继续慢煮。待其煮至开花时，下盐调味，用调稀的面粉勾芡成粥状，点香油，撒上用甜面酱、酱油烧好的羊肉丁即成。天津羊肉粥，用大麦仁与羊肉同煮，严格地讲应叫"麦仁羊肉粥"。羊肉酥烂，米汁稠浓，羊肉香混合麦仁香形成特殊香气。这样熬制的羊肉粥，香气四溢，口感醇厚，高蛋白、低脂肪、含磷脂多，较大肉和牛肉的脂肪含量都要少。羊肉性温味甘，有益气补虚、温中暖下、补肾壮阳、生肌健力、抵御风寒之功效，食补兼食疗。大麦仁性凉味甘，归脾胃经，具有益气宽中、消渴除热的功效，对滋补虚劳、强脉益肤、充实五脏、消化谷食、止泻、宽肠利水、小便淋痛、消化不良、饱闷腹胀有明显疗效。

营养充分溶解,易于吸收,强身健体。羊肉与大麦仁配伍,一热一凉,相济互补,秋天食用,不但沥去一夏天的湿气,也为冬天御寒打下基础,更是冬季防寒温补的美味。的确是保健食疗之美食。

一穆斯林好友,曾深情地说:"每当秋风乍起或寒风凛冽,便情不自禁想起妈妈的羊肉粥。"金风送爽、玉露凝霜时节,您来一碗羊肉粥,保您一冬平安健康。

汤汤相会

粉汤、素丸子汤，在旧时是纯粹的穷人早点。现在已难觅其踪，大概与人民生活水平大幅提高不无关系。

素丸子汤。先说素丸子，主料是绿豆面、旱萝卜、豆腐丝、香菜；辅料是葱花、姜末；作料是酱油、酱豆腐、五香面。旱萝卜洗净，擦成细丝，用开水略焯，控水晾凉，与豆腐丝一起切碎，加绿豆粉、盐、酱豆腐、五香面，搅拌成菜团。食用油下锅烧热，左手攥菜团，掌心用力，从拇指和食指合拢处挤出丸子，下锅炸成金黄色。再说制汤，锅内打底油，烧热，下大料炸煳，下葱花、姜末炝锅，放入酱油、清汤、盐，烧开。碗内放七八个素丸子，浇上清汤，撒上香菜末，点辣椒油。清汤上漂浮的是黄黄的素丸子，绿绿的香菜末，红红的辣椒油。口味是清醇、素净、香辣。

"文革"前，全市售卖素丸子汤的早点部很多，尤以石头门槛素包店的品质最好。讲究的，两三个素包，一碗素丸子汤，有干有稀，热热乎乎。囊中羞涩的，自家带来的干粮（大多是零七八碎吃剩下的棒子面饽饽），就一碗热乎乎的素丸子汤，顺口，解饿。这一美味，现在市面上基本绝迹。其实，在提倡养生素食的今天，各早点部应该恢复素丸子汤的供应，不单是解决温饱，更重要的是科学饮食，拒绝油腻。

当年盛行的另一汤是"粉汤"。关于粉汤，有几个版本，一说有荤素之别，一说有回汉之分。但均如嘎巴菜、老豆腐一般为副食，需配合烧饼、大饼、饽饽、馒头、馃子同食。

荤粉汤，回汉皆有。回族饭馆多用砂锅炖牛肉的汤下粉丝做成粉汤。汉族居民的粉汤相对复杂：熟白肉，切火柴棍丝；菠菜去根去老叶，洗净，切八分长段；干粉丝，开水泡开。热锅放大油，下葱花炝锅，加高汤，下粉丝、肉丝、菠菜段、盐、酱油、姜汁，开勺，挂芡，淋香油，出勺。成品粉丝细软，汤味醇厚，荤素综合，营养丰富。

有的馄饨铺也供应粉汤。将馄饨去掉，换成粉丝。其他配料，一样不少。

素粉汤：干粉丝，开水泡开；葱、姜、香油炝锅，炸香菜梗至焦黄色，再加入面酱、酱油、八角粉，锅开后制成卤料，另烧清水加大盐搅拌，融化后两锅合一，待开锅后下姜末、五香面、大料，团粉勾薄芡，制成素汤。粉丝上浇素汤，淋麻酱、辣椒油，放韭菜段。素汤香菜八角味浓郁，粉丝细软清爽利口。

做粉汤出名的，当属天津老城以北的河北大街的刘宝清师傅。1908年，刘宝清在河北大街西侧中段一东西向的横胡同里卖粉汤。后来，此胡同便因此得名"粉汤刘胡同"。据地方掌故专家王翁如先生讲，粉汤刘的粉汤做法是，先把猪骨、牛骨和鸡鸭架子放到大铁锅里熬汤，熬至色泽微黄，以求汤味醇厚；食用时，先在大碗里放上虾皮、紫菜、酱油、盐花、香油等调料，然后用漏勺加入煮好的粉丝，浇上高汤，再撒上芫荽（香菜）末、韭菜末或蒜末提味。汤黄粉白，加上绿色配料点缀。对粉汤刘的粉汤另一描述是已故天津烹饪大师、津菜研究学者马金鹏，"粉汤刘远近驰名，主要是海米、粉丝、菠菜梗和白肉作原料，在一个大锅里用勺盛着卖"。20世纪60年代，因为食品供应的匮乏，粉汤已简化成白水煮粉条，再加酱油、盐和淀粉，即盛入碗中出售，食之无味，弃之可惜，传统粉汤就此断档了。

现如今，老城西清真南大寺南侧有一清真馆"晨美斋"，恢复制作粉汤，是典型的清真粉汤。其做法是：葱花和大量姜末炝锅，清水、酱油，挂薄芡。涨发好的粉丝，下开水锅略煮，捞出，放凉水中待用。葱姜末炝锅，煸炒虾皮儿与韭菜末，制成浇头。大碗放粉丝，浇上汤卤，浮头佐以浇头。粉丝素白，汤色酱红，素净。卤汤中的姜味，伴着韭菜的辛香和虾皮儿的海鲜味儿。若配食油酥烧饼或牛肉烧饼，将是一顿美味而又丰盛的早餐。

素炸卷圈

春卷的前身是春饼、薄饼。春饼、薄饼裹上时蔬,即成春卷。

南宋陈元靓《岁时广记》载:"在春日,食春饼,生菜,号春盘。"可见古人在立春之日食春盘的习俗由来已久。春盘始于晋朝,初名五辛盘:盛有五种辛荤蔬菜,如小蒜、大蒜、韭、芸薹、胡荽等,据说春日食用可排出五脏之秽气。唐时,春盘盛放的菜品愈发精美。杜甫《立春》诗曰:"春日春盘细生菜,忽忆两京梅发时。"元明两朝典籍均有将春饼卷裹馅料油炸后食用的记载。至清朝,春卷名称定型。民俗认为,春日吃春卷寓吉庆迎春之意。

春卷用面粉做皮,用豆芽、韭菜、豆腐干做馅,有的放肉丝、笋丝、葱花等,高级春卷则用鸡丝或海蛎、虾仁、冬菇、韭黄等做馅。春卷馅可荤可素,可咸可甜。有韭黄肉丝春卷、荠菜春卷、胡萝卜春卷、白萝卜春卷、豆沙春卷、山楂春卷等品种。制作春卷,有制皮、调馅、包馅、炸制四道工序。以前为手工制作，近年已机械化生产，速冻半成品，供应各大超市。顾客买到家中，再油炸后食用。一般家庭吃春卷，或家中来客，或逢年节，作为锦上添花的副菜，从冰箱中取出过油上桌，方便快捷。

有一种与春卷相似的吃食，天津人叫"卷圈"，盛行于天津早餐市场，可能是天津独有。做法是先制馅：将油面筋切碎；香干、白粉皮、红粉皮切一寸五分长的丝；酱豆腐、麻酱用香油澥开；用清水将面粉搅成黏稠状，盛入盆内；将切好的粉皮、香干、面筋丁与味精、盐、酱油、大料面、姜末、酱豆腐汁、麻酱汁依次放入，和成馅。在包制时，把绿豆芽菜和切碎的香菜拌入馅内，以免豆芽菜出水。将半月形鲜豆皮铺于案头，放上拌好的馅料，卷成长条，两边对折，接口处抹上面糊，切成长度三寸左右的段，用面糊抹严两头。然后下七八成温油锅，炸至内熟外脆，出锅控油。成品卷圈，红中泛黄，外脆里嫩，油香豆香焦香腐乳香，香气四溢。用热大饼夹而食之，美味无比。

天津博物馆原馆长、天津历史学家陈克先生生动地描述了他对卷圈的记忆："20世纪60年代初，我在河东粮校上学时正闹灾荒，悠悠万事唯此为大就是吃饱肚子。学校食堂饭不好，有时去外面买东西吃。出校门往南是七经路，往北过了河东老地道就是郭庄子、新官汛大街，那是人口稠密区片。老地道上坡郭庄子大街两侧小吃店铺林立，行人熙来攘往川流不息，小贩吆喝声、自行车铃铛声、说话打招呼声响成一片。粮食限量供应，买吃食凭粮票。学生时期，兜里钱少粮票有限，拿粮票只够买一样，买了大饼，就买不来别的。好在小吃品种多，挑选余地大，有的不要粮票。老火花影院旁边是烙大饼卖锅盔的门脸儿，周围有几家炸卷圈小摊。当时一毛钱买两个卷圈不要粮票，再来热乎乎半斤大饼一卷，吃起来又香又脆又搪时候，是一道美味可口馨香无比的素菜。热大饼夹卷圈是我们的最爱。吃一次，胜过年。"

老人们讲，天津城东北角的三岔河口一带有一家声名远播的傅家卷圈店，卷圈分荤素两种，荤馅中有肥瘦相间的肉丝、香干丝、宽粉条、冬笋丝和口蘑丁等其他蔬菜，也用鲜豆皮包裹。卷圈是半月形的，有别于传统的枕头形。这种做法，倒很像杭州的干炸响铃。不知道，是天津卷圈学了杭州的干炸响铃，还是杭州的干炸响铃学了天津的卷圈。现在的天津已经见不到这种工艺的卷圈了。

鲜豆皮成本高，炸制时不宜操作。聪明的天津人，用机器压制的馄饨皮取而代之。选用薄且韧的馄饨皮做卷圈皮，装入馅料，对角卷起类似裹婴儿的蜡烛包炸制。比之鲜豆皮的卷圈，表皮更加酥脆，外形更加好看。会做生意的小老板，大饼夹素卷圈，赠送辣咸菜丝、水疙瘩头丝、海带丝，甚至黄瓜丝、土豆丝等，随食客口味，抹甜面酱、辣酱。卷圈已成为天津百姓早餐"支柱产品"之一。

红桥区芥园道的穆记卷圈，每天早上流动货车尚未停稳，便有食客开始排大队，直至卖完最后一个卷圈，食客方才散去。什么样的买卖有如此魅力？穆记卷圈做到了。

天津素卷圈早年有微型精品——炸素鹅脖。馅料有红白粉皮、面筋、香干、香菜、酱豆腐、花椒粉、精盐、姜末、香油，用豆腐皮将馅料卷成长条，切成两寸小段。将黏黄米泡发后碾成米浆，待发酵后兑碱成糊，以封住鹅脖两头。锅油五成热，放入鹅脖坯，半煎半炸，成金黄色出锅。炸鹅脖多用于宴席，是天津"素八大碗"中的名菜，每碗放十八块。形似鹅脖，外焦里嫩，清香筋道，味道独特。

江米切糕

盛夏时节，暑热在夜幕中逐渐消退。备受煎熬的人们，贪婪地享受清晨的凉意。一声"江米切糕，凉切糕"的叫卖声，划破晨曦。新的一天，开始了。这就是天津三伏暑夏早晨的一幕。

黏糕的主要原料是江米（南方称糯米）、黄米。江米蒸熟夹裹豆馅或小枣，因出售时用刀切成块或片，故名"切糕"。切糕制作讲究"三蒸一糗"。所谓"三蒸"：将泡好的江米沥净水后上屉，旺火蒸，此为"一蒸"；蒸好下屉入盆，开水浇淋，边浇边搅，形成糊状，再上屉蒸，此为"二蒸"；约四十分钟后下屉再搅，成黏稠团糊状，再蒸十分钟，此为"三蒸"。历经三蒸的江米团，不板结，不窝水，无硬心，且成坨，而且米粒形状依稀可辨。所谓"一糗"，即为糗豆馅，要求糗透糗烂，无硬粒儿。出摊儿前，将前一天晚上蒸好的江米团压成片状，与豆馅相摞，成四层江米三层豆馅，或三层江米两层豆馅，上面放青红丝、葡萄干、瓜条等果脯点缀。俯视，五颜六色，犹如白玉镶玛瑙；侧观，棕白相间，层次分明。江米蒸熟夹裹豆馅或小枣，称"枣切糕"。出售时一刀切下，再蘸白糖，具有黏、糯、甜、香四个特点。一口切糕下肚，香甜、清凉，直沁心脾，醒盹，提神。

经营切糕等黏食的多为回族居民。一顶小白帽，一件本白的对襟小褂，透着飒利、凉快；一架木质小推车，里外刷洗干净，纤尘不染，让食客看着爽眼，吃着放心。这是走街串巷的行商。坐商老字号"马记黏食"享誉津门，是其中的佼佼者。1938年，回族居民马福庆因家境贫寒，携妻带子从河北省霸县来到天津南市，在聚华戏院门口搭了个木棚，全家参与制作各种黏食小吃。马福庆经营有方，根据不同季节经营不同品种的小吃。春回大地时节，专供艾窝窝、豌豆黄、什锦粽子；流火盛夏，为食客提供凉爽的江米藕、八宝莲子粥、馅切糕、枣切糕、凉果、江米雪球；秋高气爽，摆满食案上的是芝麻卷、驴打滚、蜜三刀、江米条；寒风凛冽时，他就卖盆糕、茶汤、秫米饭。马福庆制作黏食选料精益求精。以盆糕为例：选用色黄黏性大的武清黄米，核小肉厚甜度高的山东乐陵小枣，洁白粒大的河北芸豆。蒸制时，使用特制的带眼的大瓦盆，将红润的小枣、金黄的黏面、洁白的芸豆合理分布。蒸熟，倒扣在垫有洁白湿布的食案上，按实按平，抹上桂花酱。色彩美观，桂香四溢，诱人食欲。

黏糕的最高级层次是"八宝年（黏）饭"，与切糕制作相似。因制作精致份儿小，故无"三蒸"之繁，但也需"二蒸"方可成型。将蒸好的江米饭分层放在大海碗中，每层饭之间分别放入红豆馅、无核小枣、栗子、莲子、松仁、核桃仁、青红丝、瓜条、京糕、什锦果脯、黑白葡萄干等。"二蒸"后，将碗倒扣盘中，上浇桂花糖汁。汉族居民制作八宝年饭，还要在蒸熟的江米中加少熟大油，一为提香，二为江米不粘碗盘。八宝年饭是天津人春节必不可少的吃食，除三十晚上必吃之外，就是款待贵客之用。

借江米切糕说辞，借糕说糕，介绍两样天津味儿的糕干。干糕干，湿糕干。

糕干的主料是精选上好稻米加少许江米，清水泡发后，沥水，上石磨碾成米粉，再经细箩过筛。做糕干的工具也有讲究，屉布浸湿，铺在竹箅子上，用特制的方框模具放在中间，筛米粉至框满，大火蒸熟。天津制售湿糕干的商家很多，各有独特的风味。

"芝兰斋糕干"始于1928年。创始人费效增，十几岁进糕干店学徒，后另立门户。先在老地道外沈庄子大街搭棚立灶做糕干，有积蓄后，租门脸经营。费效增字芝兰，故起名"芝兰斋"。他将天津各派糕干兼容并蓄，独创自己的制作特色：内中有馅，顶上有果料。将三分之一米粉置于模具中，划线打窝儿放入馅料，再继续筛入米粉至顶，用木板刮平，撒上切好的青红丝、玫瑰、瓜条、蜜饯橘皮等什锦果料，旺火蒸熟。糕干中的馅料有红果馅、白糖馅、豆沙馅等。芝兰斋糕干可热吃，也可凉吃。存放数日不变质。干化回锅，味道不变。

"糕干王"属于糕干制作新兵，将红果馅和豆沙馅放在同一块糕干上，一黑一红，独创"鸳鸯馅糕干"。用芝麻仁、核桃仁、瓜子仁、松子仁和花生仁做成"五仁俱全"的夹糖糕干，丰富了糕干的品种。糕点店的"绿豆糕"也是糕干的一种，别具风味。

最负盛名的"杨村糕干"，属干糕干。在米粉中加入中药茯苓，开胃健脾，又称"茯苓糕干"。杨村糕干成品质地细腻，洁白清爽，微甜软香，富有弹性，久放不坏。把糕干放在碗里，开水浸泡，乳白香甜如奶水，最适合老年人和婴幼儿食用。

杨村糕干历史悠久。明永乐年间，朱棣迁都北京，大兴土木，漕运繁忙。杨村地处大运河畔，商民往来，热闹非凡。当时，浙江余姚杜姓兄弟及家人落户杨村。杜家将米磨成粉，加上白糖等辅料蒸成糕干，沿街售卖。南方船夫、客商自然爱吃这种吃食，而好热闹的天津人也爱尝尝鲜。一来二去，杜家的买卖渐渐成名。到杜家第三代，开办万全堂糕干店，所挂招牌上书"永乐二年，三世祖传"。

杨村糕干以精米、绵白糖为主要原料，生产工艺细腻考究——将小站稻米和江米洗净，清水泡胀，控去水分后，用石磨磨成米粉。将红小豆洗净晾干，磨成干面，与红糖、玫瑰酱、熟麻仁和剁碎的青红丝搓匀成豆沙馅。另将松子仁、瓜子仁、核桃仁、蜜橘皮、青红丝切成碎块。然后，将铺好屉布的箅子置于案上，摆上厚约3.3厘米的长方形木模。将湿米粉均匀撒入，撒至占木模厚度三分之一时，均匀地撒上豆沙馅。撒至木模只剩三分之一厚度时，将湿米粉再撒入。用木刮板把米粉与模子刮平，再用小铁抹子抹出光面，用刻有细直纹的木板按压出直纹，撒上切好的多种小料，再用刀将糕干生坯切成四十块。撤去木模，将生坯上蒸锅蒸十分钟，至豆沙馅裂开时即熟。

杨村糕干外观洁白，不粘牙不掉面，绵软筋道、松软适口，风味独特，尤其适宜老年人和儿童食用。因其易消化，有健脾养胃功效，获得"茯苓糕干"的美称。传说清康熙皇帝南巡驻跸杨村，尝了杜家糕干后龙颜大悦，不仅将其列为贡品，还特供南方优质稻米，以示皇恩。后乾隆皇帝路过杨村，品尝万全堂糕干，并亲笔题写"妇孺盛品"四个大字。御赐匾额一挂，万全堂糕干名声大振。杜家族人纷纷来到杨村，大做糕干生意。清末民初，仅杜姓开设的糕干店就有万全堂、万胜堂、万金堂、万顺堂、万源堂等多家，人们统称为"杨村糕干"。1930年，万全堂糕干在巴拿马万国博览会上荣获"佳禾"铜质奖章。杨村糕干呈扁条形或扁方形，四块包成一包重75克，塑袋封装，以"佳禾"铜质奖章图案为标签。产品畅销各地，远销海内外。杨村糕干从此走向世界。

周恩来青年时代在天津南开学校读书时，就喜欢吃武清籍同窗朱二吉从家乡捎来的杨村糕干。1958年8月21日，周恩来总理和陈毅副总理陪同西哈努克亲王和夫人来杨村，参观筐儿港八孔闸水利枢纽工程。杨村糕干成为招待贵宾的佳品，西哈努克亲王和夫人都表示：杨村糕干好吃。周总理品尝杨村糕干，似乎引发了青年时代温馨的回忆，他连声称赞："好吃，不减当年！"还风趣地吆喝一声："杨村糕干，老铺的好！"博得大家一阵笑声和掌声。

大饼夹一切

天津著名相声演员高英培的名段《钓鱼》中一句"二他妈妈,给我烙俩糖饼",给全国人民留下深刻印象,似乎天津人就爱吃糖饼。殊不知,天津人更爱吃家常烙饼。

就饼的口味而言,有甜咸之分,有发面的,有死面的。从外形看,有薄饼、春饼、荷叶饼、千层饼、油酥饼、葱油饼、葱花饼;有分层的,有不分层单单一片的,还有螺丝盘旋的。一张饼,因各地习惯不同,口味各异,认识有别,概念偏差,称呼也就有了区别。

天津人习惯称呼的大饼就是家常饼,近乎于死面千层饼,算上外层饼皮,至少五层。天津人喜欢家不长里不短儿地评头品足,新媳妇过门,不是"画眉深浅入时无",不是女红针线大马脚,最考验新媳妇生活能力的是烙家常饼。烙出来的似春饼,只有一层,邻居就会形容:这家饼烙得好,算上嘴唇,统共三层。邻居笑话,新媳妇没面子。

家常饼的做法很简单，但掌握不好技巧，弄得面硬皮艮，似皮条。首先是和面，要分出一部分面，用开水烫好；另一部分面用温水（夏天用凉水）和好。面要和得软一些。可以拿一双筷子搅动干面粉，边搅边徐徐地加入水（这样和成的面才能比较松软），当搅得没有干面的时候再用手揉成软面团。然后，两块面合在一起，揉匀揉透。面和好后放在温暖处饧十分钟。其次是将饧好的面团揉好，再擀成长方形薄片，再在长方形薄片上刷油，撒少许盐；由里向外叠起，拿住两头抻长，由一头向里卷，下剂子，用手按扁，擀成圆形饼坯。最后，铁铛烧热，抹油，放入饼坯。注意一定要用中火慢慢烙制，待到一面鼓起后翻面刷油，再烙另一面。烙制完成，出锅，立起，放气，把饼内层次促开。标准的家常饼，外表局部金黄，结痂酥脆，饼内柔软，层次分明。淡淡的油香，混合着浓浓的麦香，直冲口鼻。入得口来，只觉一股麦面甜香浸到舌上，舌底迅即汪出一窝口水，令人不禁要多嚼几口，只为留住余香。美食大家李渔的理论"糕贵乎松，饼得于薄"和袁枚的具体实例"山东孔藩台家制薄饼，薄若蝉翼，大若茶盘，柔腻绝伦"，在这里全然成谬。

家常饼的可贵之处在于兼收并蓄的厚道，可以为一切美食甘当陪衬。于是乎，不知从什么时候开始，天津街面上流行一句话，叫"大饼夹一切"。竟有一对聪明的吃货小夫妻，以此为招牌，开起早点铺，火得一塌糊涂。

人民网天津视窗曾写道："国货当自强！大饼夹一切！完爆肉夹馍！完爆汉堡！神一样的存在！"目前可夹的食物，信口数来，就有二十多样：鸡蛋、鸡排、牛排、鱼排、虾排、鸡柳、薯饼、火腿、烤肠、里脊、全贝、蟹棒、茄夹、藕夹、豆角、辣子、素卷圈、茶鸡蛋、培根卷金针菇、上校鸡块……似乎真的可以夹进一切。

这是与时俱进的结果，中西合璧的结果，年轻人主宰早点市场的结果。

天津家常饼的传统经典组合，还是夹棒槌馃子，夹馃箅儿。尤其是热大饼夹新出锅的棒槌馃子，外软内脆，面香裹油香，这是反外焦里嫩的吃法，是外柔软内酥脆的吃法，牙齿透过柔软遭遇酥脆的吃法。家常饼的麦香强烈压制棒槌馃子的油香，棒槌馃子的油香激烈反击家常饼的麦香。强强碰撞中，唤醒味蕾，激活味蕾，使你不得不一口连着一口，欲罢不能。这是吃家常饼夹棒槌馃子的真实感受。家常饼夹馃箅儿，是这一吃法的极致，极味不可多，不可不吃，不可多吃。这也合了乐极生悲、否极泰来的禅意。

大饼夹杂样。红肠、粉肠、蒜肠、玫瑰肠和酱制的心、肝、肺、肚、大肠组成的杂样，被大饼结结实实包卷成筒形。您要不是膀大力的手，您都抓不过来。秀气一点儿的是大饼夹酱肉。肥三瘦七的酱肉，外层包裹一层凝固了的酱汁，改刀的酱肉片，均匀地铺在大饼上。酱肉夹进热大饼，酱汁融化，浸入大饼内层，多余的酱汁，会顺着大饼边沿流到手上、腕子上、胳膊上。被天津人最为推崇的是大饼夹猪头肉。由于猪头肉生长部位特殊，肉质有别于猪身上的肉。经过巧手酱制，除腥去腻，瘦肉不柴，肥肉脆韧，特别是猪鼻子（天津人昵称"猪拱拱"），非肥非瘦，活肉一坨。既非杂样的花拳绣腿，又非酱肉的极致奢华。物美价廉的结果，就是可以放开肚皮，大吃特吃，让你一次爱个够。

大饼夹卷圈是养生绿色早餐，酥脆油香掩盖了蔬菜的青涩，保留了蔬菜的营养元素。热大饼夹松花，热热的麦香，将琥珀般的松花蛋清与鲍汁般的松花蛋黄的醇厚美味烘托到极致，如参鲍同吃，是味觉与嗅觉的盛宴。热大饼夹臭豆腐是登峰造极的组合，天津人吃臭豆腐，不似南方人将臭豆腐用油炸过，欲盖弥彰，而是用香油直接调瀹臭豆腐以衬托臭气，还要用热大饼的热气催促臭豆腐的特殊香臭之气弥漫扩散，如此处理，入口却甘之如饴，醇美无比，无法用语言形容。

天津一位博主发微博："我都不好意思说我起这么早就是为了吃早点。哟哟切克闹，煎饼馃子来一套；大饼夹一切，眼馋肚子小……我打算去悉尼开一个大饼夹一切！早点铺！大家保重！"一位外地博主不无艳羡："据说一个天津人，五岁就能独自拿俩鸡蛋出门来套双棒槌馃子的煎饼馃子，十岁就开始浆子外带两片白豆腐，十五岁靠鼻子就知道嘎巴菜的卤子缺了什么料，二十岁吃过的棒槌馃子能绕地球一圈，二十五岁仅靠大饼夹一切就能连续一个月不重样。发愁每天早上吃什么，真是弱爆了。"

这一切，都是大饼惹的"祸"！

小吃不小美一世

乌豆带芽

"五香芽乌豆"的称呼和制作方法,为天津独有。因乌豆外形含芽微吐,故称"芽乌豆"。五香芽乌豆的制作,一在泡,二在煮。行家选张家口某县某乡特殊土质水质种植的优质蚕豆,用清水加大料、桂皮、茴香等天然香料泡发至豆皮略微龇嘴发芽为好,芽发大了牙碜。泡好后换水,投入传统五香作料煮至八九成熟即可。煮制火候和时间是制作成败的关键,欠火则艮硬,过火则飞沙。成品要求口感细腻,绵软适度,面而起沙,不水不柴,豆香四溢,回味绵长,营养丰富。

有人将"乌豆"写作"捂豆",因售卖时盛于木桶,上加棉套盖,越热越捂香味越足,而煮制时欠的那一两成,也正好刚刚捂熟,故曰"捂豆",可为一家之说。鼓词《大西厢》莺莺唱词道:"若老夫人知道了你千万别害怕,咱们娘儿们不打这场斗殴的官司有一点儿太窝囊——乌豆带面汤,破枕头漏了一点儿糠。"可见乌豆叫法还是有来历的。

清晨，急着上班的人们，怀里揣着热饽饽热馒头，买一包乌豆，权当早点，匆匆忙忙赶路上班。傍晚时分，高门大嗓拉长音"芽——乌豆"声，穿街过院，给酒友献上物美价廉的酒菜。闲来小酌，乌豆便是最好的下酒小菜。如果再配上一盘天宝楼的粉肠蒜肠酱杂样儿，用天津话说，这才叫熨帖！

现在，沿街叫卖芽乌豆的极为罕见，但在小超市门口，在菜市场里，芽乌豆小摊的买卖仍很红火。卖芽乌豆的多为回族小老板，尤以北辰区天穆人制作的芽乌豆最为正宗。

天津北辰区天穆镇就是过去的穆庄子，是天津穆斯林最早的聚集区。在天穆镇流传着乾隆爷与芽乌豆的故事。说乾隆南巡归来，行至天津城北穆庄子，泊船休息。一时兴起，便微服登岸，路过一店铺，香气扑鼻而来，引发食欲。那店家头戴白色礼拜帽，笑迎出来，用荷叶托着热气腾腾的芽乌豆奉上。乾隆爷食后，赞不绝口。待回到皇宫，仍念念不忘芽乌豆的美味，降旨招店主进宫，专门煮这发芽乌豆，并每日早膳必要食之。所以这老天津卫的芽乌豆也就成了宫廷御膳。美好的传说，也不是空穴来风，天津食品有限公司经理就是穆氏传人。穆经理为了让天津百姓再次品尝芽乌豆的美味，他严格按照传统配方研制出新一代卫生方便的清真食品五香芽乌豆，并荣获了2001年天津市地方特色菜品比赛家乡风味特色项目金奖。

其实，民间制作五香芽乌豆的高手大有人在。天津老城西北角有一位穆大爷，是回族人，专卖芽乌豆。他家门前总摆放着许多大木桶，里面都是用水泡过的，正在发芽的蚕豆。穆大爷介绍泡制芽乌豆的独特工艺。用温水泡一昼夜，待其舒展后，捞入容器内，放三至五天（视气温决定时间长短）。其间，不得接触碱性、油性物质，每日用清水冲洗两遍，盖好湿布，见蚕豆咧嘴出芽时，才能与盐、丁香、豆蔻、山奈、白芷、陈皮、青皮、花椒、姜丝、大茴香、小茴香一块放开水里煮。说是五香，实际是十香。煮熟后，控净水分，放入特制的小木桶中，用干净的小棉被捂上，保持乌豆干净新鲜。这才能上市。不是放水桶里泡着，一笊篱一笊篱往外捞，更不要用火煨着，那样就没了形状，烂飞跑沙了。每每有人买芽乌豆，穆大爷就会掀起一小角棉被，用白净的搪瓷小碗扙出芽乌豆，放小铜盘秤上称斤论两。豆香扑鼻的乌豆，用手一捏，皮留下，豆进嘴，绵软沙口。

顺便说一下，天津五香芽乌豆的乌豆，不能与江浙一带的茴香豆画等号。江浙茴香豆，用干蚕豆做原料，在水中浸泡沥干。入锅后加适量水，急火煮十五分钟。见豆皮周缘皱凸，中间凹陷，便加入茴香、桂皮、食盐（传统做法用酱油）和食用山奈，改文火慢煮，使调味品渗透豆肉中，待水分基本煮干，离火揭盖冷却即成。

二者区别，首先外形不同。五香芽乌豆张嘴有"芽"；而茴香豆无"嘴"无"芽"。其次味道不同。茴香豆用小茴香煮过，自有其特色，但同天津芽乌豆相比，投入香料、调料品种多有不及，当然味道的浓香淡寡存有差距。另外口感不同，茴香豆略硬，五香芽乌豆绵软。当年每入以茴香豆绍兴老酒为乐，"多乎哉，不多也"的孔乙己先生，假如吃的是既开"嘴"又含"芽"的天津五香芽乌豆，说不定早就中举了。

果仁崩豆

出远差，在天津机场候机，正为捎带礼品犯愁，猛回头，见候机大厅"天津土特产礼品店"新开张。走进去四处踅摸，"果仁张"映入眼帘。

天津名小吃果仁张，是当年的宫廷御品，也是中华名小吃。创始人张明纯乃正宗镶黄旗满人，祖上随清军入关，为宫内御厨。张明纯从父学艺，入宫为厨后，好钻研创新，在果仁身上下了大功夫。几经摸索，创制出带斑纹的虎皮花生仁、晶莹柔润的翡翠薄荷榛子仁、鸡心状的奶香杏仁、琥珀桃仁、净香花生仁、奶香花生仁、椒盐花生仁、乳香花生仁。自然显色，甜而不腻，香而不俗，色泽悦目，酥脆可口，回味无穷，久储不绵。皇上享用各色果仁，胃口大开，龙心大悦，遂赐"蜜贡张"封号。

第二代传人张维顺承父业，顶着"蜜贡张"封号，仍为御厨，得到最难伺候、口味最刁的慈禧老佛爷的赞赏，称张维顺的各色果仁为美味小吃。

第三代传人张惠山赶上辛亥革命，宫里主子如鸟兽散，便离开宫廷流落天津，在山西路开门脸"真素斋"，主营各色果仁。盛放果仁的瓷盘乃宫廷之物，美食配美器，为真素斋平添了几分神秘感。独特的口味品质，吸引人们竞相购买。除自品自食外，还馈送亲友，一时名声大噪。久而久之，"果仁张"名号取代了真素斋，誉满津城。

"文革"中果仁张也成了"封资修"，人们只顾闹革命，哪有闲心和胆量品味美食。"文革"之后，人们又想起了果仁张。果仁张第四代传人张翼峰承继父业，将花生仁、核桃仁、杏仁、榛子仁、瓜子仁、腰果仁、松子仁演绎出多个品种。历经二十年打磨，先后又研制出国内外首创的挂霜系列花生仁等五十余种，应有尽有，琳琅满目。

卫嘴子好口福，只吃百色果仁，意犹未尽，还得吃什锦崩豆。

清朝嘉庆末年，御膳房厨师张德才悉心研究，精心实践，制成多种豆类风味干货，如煳皮正香崩豆豌豆黄、三豆凉糕及果仁、瓜子等。同时，在佳节喜庆宴会时，他还为宫廷制作了九龙贡寿、麻姑献寿、龙凤呈祥等特种贡品。尤其是煳皮正香崩豆，制作工艺尤为繁复，在铁蚕豆的基础上，用外五香料（桂皮、大料、茴香、葱、盐）和内五香料（甘草、贝母、白芷、当归、五味子）以及鸡、鸭、羊肉和夜明砂乌等精心炮制，创新出"黑皮崩豆儿"。其外形黑黄油亮，犹如虎皮，膨鼓有裂纹，但不进沙、不牙碜，嚼在嘴里脆而不硬，五香味浓郁，久嚼成浆，清香满口，余味绵长。这种全新的"黑皮崩豆儿"，皇上赐名"煳皮正香崩豆"，风靡宫廷内外。

清咸丰年间，第二代传人张永泰兄弟举家迁往天津，先后在老城里丁公祠和小药王庙开设"永泰成""永德成"两家字号，秉承祖业，制作经营豆类小食品。20世纪30年代，第三代传人张相，在南市和鞍山道的大罗天开设"老得发""老得成""老来财""老来福""老张记"等字号，前店后厂，自产自销。第四代传人张国华，十四岁随父学艺，掌握祖传绝技，在滨江道、教堂后"崩豆张老张记"店中协助父亲操作经营。新中国成立前夕，张国华全面接管"崩豆张"各商号，自撑门面。"文革"后，张家第五代传人张福全、张祯全等五兄弟继续经营。

几辈儿下来，各种崩豆花样翻新，有煳皮五香崩豆、去皮甜崩豆、去皮夹心崩豆、豌豆黄、三豆凉糕、冰糖奶油豆、冰糖怪味豆、儿童珍珠豆、去皮麻辣崩豆等十六大类二十六个品种，分上中下三个档次。崩豆成了人们茶余饭后消食克滞的休闲小食品之一。张家字号遍布津门。但是，这个"成"那个"发"的字号，人们记不住。天津人追求语言简洁，只记住"崩豆是老张家的好"，于是，"崩豆张"便声震津门了。

1985年，袁世凯之女在《世界大观》杂志撰写《我的父亲袁世凯》，文中提道："袁世凯倒台后，时常命家人上街买煳皮正香崩豆吃。"可见，"崩豆张"名不虚传。

"崩豆张"与"果仁张"，联袂从宫廷走向市井，一家专营豆类干货，一家专制果仁类干货，都在天津卫干出了名堂，荫及子孙，惠及食客，成为天津干货小吃的两张王牌。天津人立意高远，不偏不倚，不但捧红了"果仁张"，也捧红了"崩豆张"。

现在的崩豆张果仁张已是红遍津门红遍全国的大品牌老字号。其实，民间也不乏制作崩豆果仁的佼佼者。有名有号的"狗屁果仁"已经名声远播。2014年仲秋，去美国旅行，一久居美国的天津朋友，不知从何处知道狗屁果仁美味，让我捎带。狗屁果仁产地武清区黄花店镇，自做广告语:"传统工艺,选用优质花生仁,经手工挑选,配以各种调料及祖传秘方,以传统工艺精制而成,其特点:色泽金黄,入口酥脆,香咸适口,营养丰富。是居家餐桌上必不可少的一道小菜,更是馈赠亲友,传情达意之佳品。"就是一个五香大果仁,却冠了一个俗而响亮的名号,上口易记。

"文革"后,不再大张旗鼓割资本主义尾巴。一些不甘寂寞急于改善生活质量的人不辞辛苦早出晚归卖五香果仁,用旧报纸裁方叠三角包,一包果仁五分钱,专蹲上下班人群集中的地方。确有从中捞到改革开放第一桶金成了百万富翁的。

"文革"前,走街串巷卖果仁崩豆的小贩很多。天津文史学者高伟先生回忆:"崩豆,是将蚕豆经过腌制、调味后炒熟的一种小吃,是极普通的一种大众食品,因其炒后酥脆,咬时嘎嘣作响,故以崩豆呼之。儿时,我家住在胡同深处,每日穿行胡同里的小贩甚多,卖崩豆的小贩就是一位赶毛驴儿的老者。每当胡同口儿响起'丁零丁零'的铜铃声时,各院里的孩子们就不约而同地跑出家门,向胡同口张望。一头灰白色的小毛驴儿和它的主人颠儿颠儿地走进胡同,只见毛驴的笼头上插着两面五色小旗,额头上挂了一排黄色的流苏,脖子两边挂了许多五彩斑斓的绸子,笼头下边还挂着一只锃亮的大铜铃,随着毛驴的晃动而发出悦耳的铃声。驴背上有一个漂亮的木头鞍子,鞍子上向前探出两根弹簧,弹簧的端头各缀着一只鲜红的大绒球,上下抖动着,十分耀眼。驴鞍上横搭了一条白粗布的褡裢,褡裢的两边又缝着六七个小口袋,袋口还写着毛笔字。毛驴儿的主人是个没长胡子的老头,手拿一根五彩丝线编成的马鞭儿,胳膊上挎着一只盖着毛巾的元宝篮子,跟在毛驴的后边并不时地尖声吆喝：'酥崩豆哇……甜崩豆哇……'孩子们都不明白这个老头吆喝的声音为什么这么难听，只是长大一点后听大人们说，那个老头小时候净过身，在宫里当过几天太监，偏赶上皇上逊位，只好出宫卖起了崩豆。孩子们虽不知'太监'为何物，但对那头披红挂绿的小毛驴儿却情有独钟，谁都想挤进人群拍拍它、摸摸它。大人们都很放心，因为那头毛驴儿是个好脾气，从来没有尥过蹶子。老头的酥崩豆有许多品种，各有各味，有甜的、咸的、水果味的，有入口即酥的酥崩豆，也有磨牙解闷儿'铁'崩豆，驴肚子两侧的十几个小口袋便是佐证。他卖酥崩豆是不论斤称的，不管买多少一律数个儿，而且要几个品种都可。当老头用他那特有的声调高声数着崩豆时，只要人群中有叫好的，他必定给买主多数上几颗。有时老头也会从小布袋里掏出几颗崩豆塞到前面站着的几个孩子的嘴里，孩子们先是瞪大了眼睛，当舌头品出了崩豆的味道时，则马上钻出人群跑回家中向大人要钱。四周的孩子们都围着小毛驴，只有毛驴儿打响鼻时才吓得退后一步。当然，也会有一种幸运降临到某个孩子头上，那是老头从篮子里拿出一只木碗问道：谁去给我倒点凉水来？顿时几只小手争先恐后地伸向那只木碗，抢到木碗的孩子便飞快地向家中跑去。当他小心翼翼地端着木碗挤进人群时，老头早已从口袋中抓出一小把崩豆等着他呢。我第一次品尝老头的酥崩豆，正是由于这种幸运……现在人们的生活已然发生了翻天覆地的变化，就连走街串巷叫卖的酥崩豆也登堂入室成为风味特产，并坐上飞机远销国外。看着孩子们品尝着五颜六色的'崩豆张'，总觉得缺点什么，直到孩子们走后，才猛然醒悟：啊，缺少了童趣，胡同里孩子们的童趣！"

麻花满拧

一日，去超市购物，见熟食部挂大幅招贴"馓子麻花"，便生好奇，趋前观之，就是卖馓子。在天津，麻花是大众休闲食品，而馓子多为回族居民制作经营。

馓子历史悠久，早在一千四百多年前的北朝，即称"环饼""寒具"。《名义考》云："绳而食之，曰环饼，又曰寒具，即今馓子。"宋朝文豪苏东坡在徐州时，喜吃馓子，其《寒具诗》云："纤手搓成玉数寻，碧油煎出嫩黄深。夜来春睡无轻重，压扁佳人缠臂金。"用精妙的比喻，将馓子制法和外形作了形象化的描绘。麻花始于何时？无从考证。但依其外形推测，馓子应早于麻花，它是麻花的老祖宗。

馓子在全国分布很广，有河北衡水油炸馓子、江苏淮安茶馓、徐州蝴蝶馓子、四川阆中馓子，北京人干脆把馓子和麻花连在一起叫"馓子麻花"；面坯粘上芝麻炸制的馓子叫"麻衣馓子"。天津超市大概是学了北京的称呼。西北的回乡馓子是回族群众欢度开斋节、古尔邦节、尔德节、圣纪节，以及婚丧大事中的必备食品。民间歌谣传唱："点心香，月饼美，回回的馓子甜又脆。"

其实，从外形上看，馓子和麻花是有区别的。俗话说，猴吃麻花——满拧。一个"拧"字，就点出区分馓子与麻花的关键所在，把馓子"一拧"，麻花就诞生了。

麻花品种很多，因地域得名的有：天津大麻花、崇阳小麻花、北京脆麻花、稷山麻花、伍佑麻花、大营麻花等。依口味分，有甜口、咸口两类；还有酥脆、焦脆、爽脆、油酥之分。但万变不离其宗，各类麻花皆呈"绳子头"状，故又有"铰链棒""油绳"之类别称。

百年前的天津麻花，与各地麻花大同小异。用两三根白条拧在一起不捏头的叫"绳子头"，两根白条加一根麻条拧在一起的叫"花里虎"，两三根麻条拧在一起的叫"麻轴"。而那时炸出来的麻花虽脆香，但艮硬。

直到1937年，天津麻花才有突破性创新。河北大城西王香村的范贵林、范贵才两兄弟自幼丧父，随母来到天津。兄弟俩在麻花店学徒，聪明肯干，手脚勤快，很快就掌握了炸麻花的手艺。后来，兄弟俩分别服务的两家麻花店先后倒闭，他们便自谋生路，各自开设麻花店。范贵林字号"贵发祥"，范贵才店名"贵发成"。两店间的工艺与经营竞争，促进了麻花质量的提高。

范贵林锐意创新，屡经探索，在白条麻条中间夹一根含桂花、闽姜、桃仁、瓜条等多种小料的酥馅，发明了夹馅麻花，但麻花白条发艮的难题却始终困扰着他。一个下雨天，顾客稀少，剩下很多面料，范贵林为防止面皮发干，就往面料上淋水。不料，淋水过多，面料竟成糊状，并开始发酵，经兑碱并揉入干面后，和成半发面，炸出来的麻花酥脆馨香。在这次偶然发现的启发下，经反复试验改进，终于研制成夹馅和半发面的新品种。兑碱也随季节、气候变化而增减配比方法，使炸出的麻花在一年四季都保持质量稳定。

风味独特的夹馅什锦麻花，通体棕红，外形顺直，编花均匀，无大头小尾，不抱条粘连，无花条。内部无生心，无面结，无空心，无跑馅，无白茬。不生，不皮，不艮，不绵，不过火。口感油润，酥脆香甜，久放不绵。在规格上，五十克、一百克、二百五十克、五百克、一千克重量不等，最大的五千克一个。

桂发祥麻花店坐落在东楼十八街辖地，老天津人又称"十八街麻花"。因其美味可口，包装精美，携带方便，早已成为天津人馈赠亲朋好友的首选礼品。天津人将麻花归入茶点类，午后饮茶佐食。早餐食用者极少，而早餐吃馓子比较普遍。

早年，天津还有一家麻花名店——"王记"剪子股麻花，也称为"馓子麻花"，创始人王云清自幼学习炸馃子，20世纪50年代中期，他利用切面机研制了一种新型的麻花，外形介乎馓子与麻花之间。经过不断改进提高，使其独具特色，广受津门百姓欢迎，两次被评为天津市饮食系统优质食品。王云清也被食客誉为"麻花大王"。

王记剪子股麻花的主要用料是：面粉、面肥、碱面、白糖、麻仁、青丝、红丝、冰糖、花生油、桂花油。用清水将白糖溶化，与面肥、碱面、花生油搅匀，加面粉和成硬面团；用轧面机轧几遍，轧出光泽，将轧好的面片铺在面案上，截成二尺的白条面片和一尺七寸的麻条面片；用出条机轧为细条，将麻条面片轧出的细条蘸匀麻仁，按十二颗白条配三颗麻条的比例顺放；左手推，右手拉，将条对折，两头稍交叉摁好，提起拧成"8"字形麻花生坯，下热油锅中，待麻花浮起，用筷子整形似葫芦，呈下大上小状；炸至深红色，捞出，控油，撒上碎冰糖块、青红丝。其特点是：香、甜、酥、脆，形状独特，条散而不乱。由于麻花股条似松似抱，故而炸得更透，老幼咸宜。规格上有二两、五两、一斤三种。

另一麻花名品味道独特，广为津门食客接受，并已被认定为"中华名小吃"，那就是海河东岸的"十香斋麻花"。制作此麻花的面团用鸡蛋、奶粉和制，故又称蛋奶麻花。其中，还加入了闽姜粉、糖桂花和成面团，下剂搓条，蘸麻仁后合股成麻花坯。植物油烧热后，放入麻花坯，炸成棕黄色至熟即成。十香斋麻花油香、蛋香、奶香、麻仁香融为一体，口感香、甜、酥、脆，余味悠长。现在制售五种规格七个品种。

桂发祥麻花属"什锦麻花""夹馅麻花"，王记剪子股麻花属"馓子麻花"，十香斋麻花则属于小型麻花。另外，还有被称作麻花的小吃还有"蜜麻花""脆麻花""甜酥麻花""香酥麻花"等等。由此组成天津麻花家族。

糖堆儿挂扉

天津人过年有给孩子买糖堆儿的习惯,祝福孩子"用糖堆着长大",即幸福成长之意。天津春节老话"五更吃个山里红,一辈子到老不受穷",指的就是大年三十鸡鸭鱼肉荤腥油腻食品过剩,吃红果去油腻助消化,科学养生不得病,自然就身体好,不受穷。过年给姑奶奶送礼,其中,糖堆儿必不可少。姑表亲,辈辈亲,打断了骨头连着筋。送大糖堆儿意味着串串红,辈辈红。

"糖堆儿"这个叫法,唯天津卫独有。天津糖堆儿从形式上与其他地方也有所不同。北京糖堆儿叫"冰糖葫芦",一般没有糖扉边,即"糖扉子",也叫"糖风",指糖葫芦尖上薄薄的一片糖。东北糖堆儿则以"壮实"著称,一支可串二十多个红果。天津糖堆儿讲究模样和口感,手艺"潮"的熬制出的糖稀不过关,蘸出糖堆儿皮软粘牙。而手艺精湛的,蘸出的糖堆儿果满鲜亮,甩出的糖风纯净透明,糖脆不粘牙,拿着不粘手,掉地不粘土，放羊皮袄上不粘毛，吃起来不煳不焦，香甜可口。

红果，俗称"山里红"，是野生山楂嫁接改良后的蔷薇科植物，属落叶乔木，生于山坡沙地、河边杂林，多见于北方，有一定的药用价值。山楂果较小，较之红果的药用价值更强。相传，宋光宗最宠爱的黄贵妃生病，面黄肌瘦，茶饭不思。御医用尽名贵药，但效果甚微。只得张榜求医。一位江湖郎中揭榜进宫，为黄贵妃诊脉后说："只用冰糖与山楂煎熬，每顿饭前吃五至十枚，不出半月即可病愈。"开始大家将信将疑，好在这种吃法还合贵妃口味。黄贵妃按此办法服用后，果然一天好于一天。这种做法传到民间，山楂单个蘸上糖汁而已，名曰"蜜弹弹"，后来老百姓把红果串起蘸上糖稀卖，就成了今天的糖堆儿。红果可消食积，助消化，散瘀血，驱绦虫，止痢疾，降血脂，降低血清胆固醇。杰出的医药学家李时珍曾说："煮老鸡肉硬，入山楂数颗即易烂，则其消向积之功，盖可推矣。"

天津人讲究吃，懂得养生保健。冬季吃荤腻食物多，加上活动量小，容易积食，肠胃淤塞。其时红果大量上市，吃法繁多，但人们对大糖堆儿情有独钟，是馈赠亲友的贴心礼物。

现在的天津大糖堆儿，花样翻新且形成系列，夹馅（什锦）糖堆儿特色独具。优质红豆加红糖糗成豆馅，加入玫瑰酱、桂花酱。在红果切口填上馅后，在豆馅上嵌入核桃仁、瓜条、京糕，摆成蝴蝶形、花形灯，有的加一个金橘饼，以丰富口感。另外，熏枣糖堆儿、海棠果糖堆儿、琥珀核桃仁糖堆儿、山药糖堆儿等也颇受欢迎。

说到糖堆儿，就不得不说丁大少。老世年间，天津卖糖堆儿最出名的是天津老城北门外丁大少糖堆儿，堪称"天津糖堆行业"的开山鼻祖。与当时的侯家后"狗不理"大包、鼓楼东小包、甘露寺前烧麦、大胡同鸡油火烧、鼓楼北炸蚂蚱一样名声远播。他的糖堆儿好到什么程度？二十多年制售糖堆儿，一直供不应求，民国年间天津流传的《竹枝词》说道："人参果即落花生，丁氏糖堆久得名；咏物拈来好诗句，东门之栗本天成。"以致天津文化名士林墨青在1922年为其撰写《丁伯钰君事略》传世。1934年3月15日的《北洋画报》专门发表一篇《津门奇人丁伯钰》的文章，并刊登一幅丁大少本人的照片。

丁大少何许人也？丁大少本名振声，字伯钰，家住天津老城北门里沈家栅栏。丁家祖籍浙江绍兴，随燕王扫北来到天津卫。丁家第五代丁耀章开始承办天津大关（即北大关）税房工作。丁家第八代的丁伯钰十六岁时，父亲早逝，遂继承了大关税房差使。丁大少年得志，家境富足，每天去大关办公，虽不过里许，却总要坐八抬大轿往返，以示阔气。丁大少爱吃糖堆儿，吃遍津城，无一称心。百般寻觅，终遇老北京九龙斋的王五爷。王五爷曾在清宫御膳房当差，后来离开清宫，在北京前门外九龙斋耍手艺，专做糖葫芦，名冠皇城。丁大少吃过王五爷的糖葫芦，难以忘怀，欲罢不能。不惜重金，请王五爷过府，亲传蘸糖堆儿的绝活。丁大少聚精求学，心领神会，且按部就班，亲手实践。

《丁伯钰君事略》记载："庚子变起，家室焚掠一空，钞关被裁，遂由素封变为赤贫"，然"不肯称贷，即亲友有怜而周之者，亦必辞却。惟制各种糖果，手提筐沿街售卖，一家八口，衣食于是者二十余年"。丁大少傲骨铮铮，自食其力，操起旧好，以蘸糖堆儿养家糊口。

见多识广的丁大少对选材十分讲究。蘸糖堆儿熬糖，丁大少只使用荷兰冰花糖、日本糖和台湾糖，还要配比少许糖稀。熬糖时从不允许别人打扰，更不许别人在旁边乱说话，总是全神贯注、目不转睛地看着糖锅，直到最后大功告成。用这样熬出来的糖蘸红果串糖堆儿，真正做到"三不粘"。选用红果，丁大少只在天津蓟县、河北涿州和遵化选，并且亲自挑选，这叫"手捡"。就连串糖堆儿的签子，也要用苇子杆。将苇子杆剪成同样长短，剥去外皮，其中一头剪尖，便于穿红果、熏枣和海棠果。一支糖堆儿四个红果，最后的两个还要夹上豆馅，豆馅上点缀核桃仁、瓜条、京糕和一片橘饼，能够帮助消化和开胃。就说这煮豆馅，选用粒大皮薄的优质红豆，一比一加红糖，再加玫瑰酱、桂花酱等糗制，不惜成本。红果填上馅后还要在豆馅上摆核桃仁、瓜条、京糕，要摆成蝴蝶形、花灯形，美观养眼。在什锦糖堆儿上还要附加一个金橘饼，以丰富口感。丁大少不断开发新品种，熏枣糖堆儿、海棠果糖堆儿、琥珀核桃仁糖堆儿等也是人见人爱。您说，这样精益求精做出来的大糖堆儿能不好吃吗？

　　大少爷毕竟是大少爷。丁大少虽然屈尊做了街头小贩，但依然穿戴考究，衣帽整齐，一尘不染。上街时，总要雇个人替自己扛着担子。上百支糖堆儿堆放在一个大提盒和一个圆形带盖儿的大竹篮中，伙计在前面挑着担子，丁大少手拿拂尘，潇洒自得，一声不响地跟在后面，从不像别的小贩那样随便吆喝。每当走进大胡同、估衣街、针市街，优雅地吆喝一声"堆儿——"，声音洪亮可以传过几道院落。买主闻声出来，他打开提盒，任由买主挑选。丁大少的糖堆儿声名远扬，不用走几条街，所有的糖堆儿销售一空，天黑之前，已然回到家中。过年过节，大户人家送礼，必要备上丁大少的糖堆儿。尤其是春节前后，订单纷至。丁大少要拿出看家绝活，蘸"老虎头"的糖堆儿。将红果切开，在切面上抹上豆馅,配上瓜条、京糕、核桃仁等,摆成老虎的鼻子和脸,用葡萄做眼睛,做成虎头,好吃又好看,过节讨口彩儿。

糖堆儿虽好吃,但遇热易化难储存。于是,与糖堆儿有异曲同工之妙、易于储存的糖粘子,就应运而生了。

天津特色小吃糖粘子也称"红果粘子",其做法是:红果洗净,用特制刀具剜除果核放入面袋里搓搓,使果皮变糙,便于抓糖。白砂糖熬化后降温,使糖汁返砂变白。在糖汁返砂过程中投入红果与花生碎、桃仁碎、瓜条碎等,用铲子从两边把糖从底下往上快速翻动。糖将红果裹严,凝固后犹如结了白汪汪的一层霜。制成的红果粘子堆集成大块,在出售时再敲碎零卖。糖粘子放在透明容器里,红白相间,既美观又美味,是馈赠礼品的上好选择。

用此法还可制成海棠粘子,红果粘子与海棠粘子均列入满汉全席的"四糖饯"之列。

栗子飘香

天津栗子驰名海内外。如今，漫步日本、澳大利亚及东南亚国家各大城市的唐人街，"天津甘栗"的招牌幌子随处可见。"栗子"和"天津"在世界各地联袂亮相。

位于燕山山脉的河北兴隆、遵化、迁西一带，是北方甘栗的主产区，历史悠久。西汉司马迁在《史记》的《货殖列传》中就有"燕，秦千树栗，……此其人皆与千户侯等"的明确记载。西晋陆机为《诗经》进行疏证时也说："栗，五方皆有，唯渔阳范阳（今蓟县、涿州一带——笔者注）生者甜美味长，他方不及也。"河北省的栗子果形秀美，风味独特，有"东方之珠"的美誉。

畅销国外的"天津良乡栗子""天津泊镇鸭梨"都成了名牌。为什么河北省的特产却以"天津"冠名呢？清朝中叶以来，天津逐渐成为中国北方经济中心和重要的交通枢纽，大量的栗子是通过天津这个大码头而走向世界的，因而博得"天津甘栗"的美名而跻身名牌特产之列。天津栗子一直是出口创汇的名品特产，甚至是有些国家特别指定的进口食品。

天津之于栗子，除了是其出口地之外，在采运、加工、炒制、包装、推介等关键环节居功至伟，尤其是糖炒栗子，使其升华到极致。成书于清朝初叶的周筼著《析津日记》云："苏秦谓燕民虽不耕作而足以枣栗，唐时范阳为土贡，今燕京市肆及秋则以炀拌杂石子爆之，栗比南中差小，而味颇甘，以御栗名。"这里所说的"以炀拌杂石子爆之"便是糖炒栗子的雏形。

不知哪位自作聪明的外地人说"天津卫三宗宝"：嫩鸭梨、小笼包、良乡栗子用糖炒。其实是一种误解。鸭梨出自河北泊镇，小笼包与天津包子相去甚远，良乡栗子不是天津栗子的原料，更不是用糖炒，而是沙子加入饴糖（糖稀）炒制。还是梁实秋先生对糖炒栗子的描述准确，其《雅舍谈吃》写北京街头糖炒栗子的热闹景象："每年秋节过后，大街上几乎每一家干果子铺门外都支起一个大铁锅，翘起短短的一截烟囱，一个小力巴挥动大铁铲，翻炒栗子。不是干炒，是用沙炒，加上糖使沙结成大大小小的粒，所以叫做糖炒栗子。烟煤的黑烟扩散，哗啦哗啦的翻炒声，间或有栗子的爆炸声，织成一片好热闹的晚秋初冬的景致。"

栗子分油栗和板栗两种。油栗稍小，是天津糖炒栗子首选。秋风秋雨，层林尽染，做糖炒栗子生意的人要进山趸货，以足一冬之需。蓟县是天津的后花园，也是糖炒栗子的主要供货基地。漫山遍野的栗子树，却满足不了天津的需求。再往北，遵化、迁西的栗子与蓟县的品种相同，便成了天津糖炒栗子的第二货源基地。栗子需求量大，进山收货时间长，是很辛苦的。栗子运到天津市区，便满大街立起现炒现卖栗子的临时作坊：行灶上斜放大锅，侧面翘起一节短烟囱，小伙计挥动着平板铁铲，把淘洗干净的粗沙子和油栗一起翻炒。为使炒出的栗子表皮光亮，又甜又面好脱皮，在翻炒中间加入稀释过的饴糖。饴糖热砂的甜香伴着焦香弥漫于街头巷尾，路人闻香识"栗"，纷纷围拢过来，捎上一斤回家。

天津人爱吃糖炒栗子，会吃糖炒栗子，个个是品鉴糖炒栗子的行家。在天津做糖炒栗子生意着实不易。栗子皮要薄，要脆，手指轻触即开；栗子肉要甜、要面，入口轻磨即化。糖炒栗子应趁热吃，剥开皮壳，热气弥漫，沁人心脾。三五知己相聚，一兜栗子一壶茶，自是促膝畅谈时必不可少的小吃。

风靡天津城的糖炒栗子是一群勤勉实干、恪守本分的生意人创造出来的。我的发小同学李家起，七元钱起家，凭着一份吃苦耐劳的勤奋精神，诚实信用的商业道德，货真价实的精湛技艺，创下生意红火"顺起栗子"招牌，店铺不仅遍布津城，分店还开到了杭州、太原。每当秋风乍起，看着顺起栗子店铺门前糖炒栗子锅边排着的长长队伍，闻着弥漫在大街上的糖炒栗子香，便为老同学骄傲。令人遗憾的是，年富力强的李家起却命薄福浅，在买卖做得风生水起时，他却撒手人寰了。糖炒栗子飘香依旧，可再也不见故人来。

1990年，一个叫鲁树宝的年轻人干起了糖炒栗子的营生，不想，成了天津另一家糖炒栗子大户。鲁树宝于1996年注册"小宝栗子"品牌，1998年正式在和平区黄家花园西安道口竖起"小宝栗子食品商店"招牌，现炒现卖糖炒栗子，并推出礼品盒装，每天销近一千公斤，年销量百吨。如今，小宝栗子十数家店铺遍及津城，年销量可想而知。小宝栗子的特点是色泽光亮，颗粒饱满；易于剥皮，不粘不黑；栗香纯正、芳醇无比；酥软鲜糯，老少皆宜；甘甜可口，回味无穷。最令食客感动的是，盛放糖炒栗子的食品兜采用牛皮纸内挂防潮层，且打孔放出湿气，栗子不捂还保温。每个兜中放一个仿生开栗器，便于顾客使用。

栗子与其他食材相配，可以烹制出许多养生菜肴和保健食品。栗羊羹，便是其中之一。

从前的栗羊羹，既有羊，也的确是羹。唐朝时，栗羊羹最初是加入羊肉煮成的一种羹汤。从中国传到日本后，因僧侣不吃肉食，便以红豆、葛粉和面粉做成羊肝形状，在茶道流行时成了著名的茶点。丰臣秀吉时代，豆沙羊羹最为盛行。日本羊羹以红豆为材料，后发展为栗子、番薯等不同品种，周作人在《羊肝饼》中写道："有一件东西，是本国出产的，被运往外国经过四五百年之久，又运了回来，却换了别一个面貌了。这在一切东西都是如此，但在吃食有偏好关系的物事，尤其显著，如有名茶点的'羊羹'，便是最好的一例"；"这并不是羊肉什么做的羹，乃是一种净素的食品，系用小豆做成细馅，加糖精制而成，凝结成块，切作长物，所以实事求是，理应叫做'豆沙糖'才是正办"；"这种豆沙糖在中国本来叫做羊肝饼，因为饼的颜色相像，传到日本不知因何传讹，称为羊羹了。"

现在的栗羊羹，是一道天津特色小吃。确如周先生所言，理应叫做"豆沙糖"才是。栗羊羹主要成分为白砂糖、红小豆、栗子粉、饴糖、琼脂等，真材实料，老少皆宜。

熟梨糕大梨糕

大梨糕与熟梨糕是两种风马牛不相及的食品,但因都沾了"梨糕"二字,常令人混淆。梨糕与梨除了都有点甜之外,食材、外形、味道均与梨毫无关系。那为什么还叫梨糕呢?这与天津方言有关。

"梨"与"哩"读音近似,所谓"熟哩"就是"熟了"的意思。早年小贩沿街叫卖吆喝的是"熟哩儿——糕!"就是糕熟了的意思。究竟卖的什么糕?对不起,没名。但你卖的糕总得有个名吧。于是,人们就将"熟哩儿"与"熟梨"混到一起。经年累月,口耳相传,"梨"取代了"哩儿"。大梨糕的"梨",大概也是这么来的。

熟梨糕是天津独具特色的一种民间小吃,深受孩子们的欢迎。熟梨糕,别名"碗儿糕"。因制作熟梨糕的蒸汽锅发出"嗡儿嗡儿"的汽笛高音,孩子们称为"嗡儿嗡儿糕",或"笛儿糕"。熟梨糕正经学名叫"甑儿糕"。甑(音 zèng),古代炊具,底部多孔,蒸汽透过小孔将食物蒸熟。在新石器时代晚期，陶质甑就已出现，到商周时期又出现了青铜甑。制作熟梨糕的器具，是形似小木碗的木甑。

熟梨糕制作方法是：用少许清水将大米面拌匀，用粗纱箩过筛，使大米面呈小颗粒状。将米粉置于木甑中，放在特制蒸锅的汽嘴上，以蒸汽将糕吹熟，然后在白糕上涂抹各种酱料。出售时，用小木棍将制好的熟梨糕顶出，放在纸上。有的用一张薄脆饼托着熟梨糕，薄饼香脆可食。最初，熟梨糕只有豆馅、白糖、红果三种酱料，后逐渐发展为橘子、苹果、菠萝、草莓、巧克力、黑芝麻、香芋等多种酱料的系列美食。

一声"熟哩儿——糕！"，伴着"嗡儿嗡儿"的汽笛声，传进千家万户，钻进小朋友们的耳朵里。每每这时，小朋友们赶忙放下手中的玩具，找家长要钱，第一时间奔将过去，唯恐让别的小朋友买净吃绝。这是儿时再熟悉不过的生活场景。这一场景，伴随着小朋友们的梦想，深深扎根在童年的记忆里。

另一种从儿童记忆中永远抹不去的小吃是"大梨糕"。

大梨糕是一种膨化糖制食品。其制作过程如下：将砂糖加水在锅里溶化，糖水中加入干酵母粉，黏稠的糖水在酵母的作用下蓬松发酵，经过微火熬制蓬起成形，冷却之后，就成了和发糕一样的、中间带小蜂眼的大梨糕。

大梨糕从用料到外形、风味都与熟梨糕迥异。大梨糕呈焦黄色，分量轻，体积大，大者直径可达半米，截面有细密的蜂窝，极像硬海绵。口感酥脆，甜中带苦，焦煳味稍重，口味独特。售卖时用小锯条切割成角，用蜡纸包了卖。大梨糕沾湿遇热就变成深褐色，并开始融化。大梨糕不可多吃，吃多了伤嗓子，但大梨糕对抑制胃酸、胃咧心很有疗效。

天津人习惯将爱吹牛的人称为"吹大梨"。而大梨糕是糖稀经过发酵膨胀制成，就像吹起来的一样，人们望形取意，将大梨糕与"吹大梨"联系，就以大梨糕冠名了。其实，大梨糕得名与熟梨糕一样，最初小贩叫卖高喊"大哩儿——糕！"就是"好大个哩儿的——糕呦！"当时没有营业执照和商品品牌，只是口耳相传，于是以讹传讹，"大哩儿——糕"就成了"大梨糕"。

街面上，不知从何时始，流传着"大梨糕吃了不摔跤"的说辞，便成了小贩推销兜售的广告语。而遇上手艺差胆子大的小贩，贩卖焦煳味苦的大梨糕，孩子们会幽默地齐喊一声"大梨糕吃了就摔跤"，宣泄对不良小贩的不满。

有病不吃药，肯定会摔跤。

药糖串街

药糖和凉糖是休闲食品,虽不解饿解馋,却可消食解闷。每当腹胀咽痒的时候,天津人往往想起药糖、凉糖。卖糖者多为游商,胸前挂个大木盒子,走街串巷。其吆喝长声短调,字正腔圆,诙谐幽默:"卖药糖的又来了"——如定场诗,自报家门。然后是:"买的买,捎的捎,卖药糖的又来了。吃了嘛的味儿呀,有了嘛的味儿呀,橘子薄荷冒凉气儿,吐酸水儿呀,打饱嗝,吃了我的药糖都管事儿……"木盒用小板隔成若干空格,每格内放一种药糖。盒盖镶玻璃,一目了然,任君挑选。掀盖取药糖,用大镊子往外夹,用纸包成规矩的粽子形。

"文革"时,街上开始流行"样板戏"。有两个残疾人经常到我们胡同串街卖药糖,一个矮胖,双目失明;一个瘦高,寸发不生,似乎是用下班后的业余时间赚外快,隔三岔五,走街卖药糖。给我印象最深的是,盲人背着盛药糖的木盒子,一手打着响板,一手拽着秃瓢儿衣服的下摆,紧紧相随;秃瓢手拿二胡,头上戴着发箍,发箍上绑着一只伸长在外的红绒球,红绒球随着脚步一高一低地乱颤。随着一声"卖药糖的又来了——"之后,没有唱卖药糖的老吆喝,而是一板一眼唱起了样板戏。二胡响起,响板定音,秃瓢唱阿庆嫂,盲人唱胡传魁刁德一。这一来,不光是吸引了孩子,就连大人也纷纷聚拢来。见人多了,秃瓢才开始吆喝着卖药糖。盲人熟练地摸索着拿糖,秃瓢负责收费找钱。原来,秃瓢耳聋,二人默契配合,让人平生一丝丝怜悯。

天津人本嗜咸,不喜欢甜品。自清康雍以降,茶膏糖盛行民间。据中药行前辈讲,茶膏糖是由茶膏演化而来。茶膏是药铺熬甘草后所剩的黑褐色的锅底儿,起出后成坨状,俗称茶膏。因甘草可补虚缓中,解毒清火,所以茶膏糖亦不乏保健作用。

经过几代人不断创新,在药糖熬制过程中加入了多样中药材,薄荷清凉败火,木香开胃顺气,生姜消食化水。药糖品种多达四五十种,有的白如珠玉,有的绿似翡翠,有的紫若晶石,令人垂涎。特别是薄荷药糖,凉气十足,直沁心脾,掩盖了药的味道,大受欢迎,风行至今。熬糖讲究火候,因药性不同,加药火候是关键。香气扑鼻的药糖熬好出勺,倒在干净的青石板上,晾凉后搓拉成条,切成小块售卖。有的干脆将药糖摊成大饼状,加之冰糖起砂,就成了砂板糖。

制作药糖的工艺并不复杂,经验决定药糖的品质优劣。大凡贩卖药糖的经营者,都会吆喝,以此招揽食客。评剧名家新凤霞的邻居"傻二哥"以卖药糖为生。新凤霞回忆:"他上街卖药糖,要穿上一套专用的行头,白布中式上衣,黑色布裤。挽着袖口,留着偏分头,斜背着一个用皮带套好的、很讲究的大玻璃瓶。瓶口上有一个很亮的铜盖子,可以打开一半盖。围着瓶子,还装了些靠电池发亮的小灯泡。瓶里装满了五颜六色的药糖。瓶子旁边挂着一把电镀的长把钳子,是为了夹糖用的,不用手拿,表示卫生。傻二哥吆喝前先是伸伸腿,晃晃胳膊,咳嗽两声试试嗓子。两只脚一前一后,前腿弓,后腿蹬;一手叉腰,一手捂住耳朵,这才放声吆喝了。因为他有一副好嗓子,这时候,就像唱戏一样高低音配合,都是一套套地吆喝出来,招来很多人看他。"

民国初年,天津出了一个药糖名人叫王宝山,他曾在法国人家里做佣人,主家回国之前,把一些不用的物品相赠,其中的各色香精,成了他熬制药糖的原料。所以,王宝山的药糖口味新奇,橘子味、蜜桃味、苹果味,品种繁多,且以假乱真。每日下半晌或晚半晌,他头顶旧礼帽,身穿破西服,鼻梁上架着一副缺一条腿的金丝眼镜,手持铁落子,摇得"哗哗"山响。他嗓音洪亮,唱腔婉转奇特。王宝山的吆喝无固定唱词,其实是有韵无字,且夹杂外语,嘟噜百啭,变化无常。亲耳听过王宝山吆喝的张显明老先生说:相声大师侯宝林,几次求教,均无功而返。但王宝山的吆喝声唱起,人们都知道是卖药糖的来了。王宝山卖药糖,可谓天津一景。

卖药糖的吆喝,为天津药糖平添奇趣。

"卖药糖哎,谁还买我的药糖哎,橘子还有香蕉、山药、仁丹。买的买,捎的捎,卖药糖的又来了。"

"买药糖哎,哪位吃来药糖来,香桃那个蜜桃,沙果葡萄,橘子还有蜜柑,痧药仁丹;买药糖嘞,哪位吃来药糖来,金橘那个青果,清痰去火,苹果还有香蕉,杏仁茶膏,吃嘛味有嘛味,樱桃菠萝烟台梨,酸梅那个红果,薄荷凉糖。"

"吃块糖消愁解闷儿,一块就有味儿;吃块药糖心里顺气儿,含着药糖你不困儿;吃块药糖精神爽,胜似去吃便宜坊;吃块药糖你快乐,比吃包子还解饿。"

"天津卫呀独一份儿,我的药糖另个味儿。我越说越来劲儿,家家有点儿为难事儿。要问有嘛事儿?老头管不了老婆子儿,一管就怄气儿,吐酸水儿,打饱嗝儿,吃了我的药糖真管事儿。"

光说不练嘴把式,光练不说傻把式,吆喝与药糖各擅胜场,相得益彰,可谓好把式。

除了挎糖盒子串街卖各种口味药糖的,还有一些专卖独家秘方配制药糖的,也是天津一大特色。他们秉持独门秘笈,专治常见病。并且只此一家,别无分号。

西马路清真南大寺小广场有一家卖茶叶的铁皮亭子,代卖"茶膏糖"。主家大嫂说:"我们老马家熬糖有一百多年了,从祖上就干这一行,专做茶膏糖。什么口干舌燥、胸闷肚胀、痰多气喘、咽炎咳嗽、咧心吐酸水、上火牙疼全治。就连晕车晕船、大便干燥吃了都管用。"茶膏糖主要成分:蜂蜜、绿茶、蔗糖、萝卜、砂仁、豆蔻、良姜、槟榔、荜拨等多种原料。做成小球形塑封在玻璃糖纸内,与传统的药糖有别,既卫生又便于携带。

距此不远的路边一张小桌,桌上覆盖着宣传布帐,上书"萝卜药糖"适应症:醒脑清神、清凉爽口、清热降压、晕车晕船、化痰止咳、喉痛咽炎、牙痛咧心、支气管炎、胃酸肚胀、口腔溃疡、舒肝克咳、胸闷憋气。桌面的白搪瓷盘上放着姜黄色砂板状药糖。小老板陈姐说:"我父亲和我都是天津中药饮片厂的职工。做药糖是从祖辈传下来的手艺,我们姐六个都干这一行。萝卜药糖主要成分是桔梗、半夏、川贝、麦冬等十二味中药材。关键是要用白萝卜榨汁,冰糖熬制。红糖白糖膘嗓子,不能用。您别看写着清凉爽口,那是吃进嘴里的感觉。其实,萝卜药糖主热,含化效果最好,不要嚼。"

南大寺前广场入口处的大牌楼下,还有一家"戴记糖坊",汇集了传统糖果民间小吃。一溜儿十几米八个玻璃罩子的柜台列在街边。糖坊由戴姓哥俩经营,品种齐全:果仁酥糖、麻酱酥糖、砂板糖、豆根糖、什锦凉糖、酸沫糕糖,兼营京糕条、大梨糕、各色蜜饯等。戴家二掌柜说:"热天是背月,秋季天气凉爽就卖得多,到春节时,达到销售高峰。平时,早七点多出摊,晚十点后收摊。老主顾很多,还有从四十多里外的宜兴埠地过来买的,真让人感动。"这里的糖果小吃,确实让很多成年人找回了儿时的记忆。

八宝茶汤

有一种与面茶很相似的吃食叫"茶汤",一字之异,却是迥然不同的两种美食。没品尝过面茶和茶汤的食客,特别是年轻人,不免将面茶、茶汤混为一谈。

面茶作为早点,只早晨有售。茶汤是传统小吃,是人们茶余饭后垫吧垫吧或找吧找吧("吧"是"补"读音。"找"读二声)的吃食,全天供应。

天津茶汤,因已故天津民俗大家张仲先生当年创作的电视剧《龙嘴大铜壶》而传播久远,深入人心。很多年轻人相约去吃茶汤,往往说成去吃龙嘴大铜壶。龙嘴大铜壶上部和下部各有一圈铜饰花纹,壶嘴、壶把上方各镶饰着一条铜龙。有些铜壶的壶嘴装饰成精美的龙头,壶把就是一条栩栩如生的铜龙,龙须、龙爪、龙鳞清晰可辨。龙嘴大铜壶壶身重二十公斤,可盛水三十多公斤。壶心是炭火炉,水烧开后,壶盖旁汽笛"呜呜"响起。冲茶汤的师傅拉开架势，左手分开五指托住盛好面料的两只碗，如托保定大铁球，呈海底捞月势；右手怀中抱月，稳稳地将壶慢慢倾斜，一股沸水如注喷出冲入碗中，不洒不滴，刹那间水满茶汤熟。而龙嘴两侧探出龙须尖端的两个红绒球，随着冲茶汤动作颤动不已。冲茶汤师傅气定神闲，姿态娴熟，动作优美，嘴里不停地吆喝叫卖。人们在品尝美食茶汤之前，犹如现场观摩艺术表演，常为之陶醉，连声喝彩。

北京的茶汤源于明代宫廷，所用原料与面茶相同，只是糜子面更细。先用少量热水将细糜子面调匀，然后用大铜壶的开水冲熟。配料只有红糖白糖。北京民间流传一段顺口溜云："翰林院的文章，太医院的药方。光禄寺的茶汤，武库司的刀枪。"梁老先生在《雅舍谈吃》中说："担着大铜茶壶满街跑的是卖'茶汤'的，用开水一冲，即可调成一碗茶汤，和铺子里的八宝茶汤或牛髓茶固不能比，但亦颇有味。"北京也有用龙嘴大铜壶沏茶汤的，究竟是天津师法北京，还是北京沿袭天津，看来很难叨叨清楚。

天津茶汤主料原来也是用糜子面。自天津著名的"马记茶汤"创始人马福庆开始，改用秫米面（即高粱米面），加少许糜子面，用翻滚的开水将其冲成糊状。马记茶汤选用天津静海独流镇的大红高粱，加工成粉。此种高粱面细抱团，黏紧不散。再用进口口重味浓的赤砂糖。使马记茶汤在质量上有了坚实的保证。马记茶汤的一绝是"扣碗茶汤"。将装满茶汤的碗倒扣于案上，茶汤不溢不流，以示茶汤黏稠。此一绝技，一时征服了众多食客。当时，茶汤是穷人美食，价格与一碗豆浆相同。商家为降低成本，选用价格低廉的土红糖增加甜度。改革开放以后，人们的生活水平提高了，才放入红糖、白糖、青丝、红丝、桂花酱、麻仁、松仁、桃仁、果脯、葡萄干、京糕条等五颜六色的配料。吃茶汤不用筷子不用勺，而用特制小铜铲舀着吃，香甜滑爽，极为可口。现在，听说，茶汤可用茶汤粉冲制了。茶汤粉为何物？大概是学了速溶咖啡，也未可知。商家为降低成本，替代物、添加剂，比比皆是，哪里还有老味儿可言。

与茶汤较为接近的是秫米饭，也称秫米稀饭、秫米粥。茶汤与秫米饭都是以秫米（高粱米）为主要食材。茶汤为秫米面制成，秫米饭为秫米制成。均为香甜口。

秫米饭中加小枣，即为小枣秫米饭，是小吃名店万顺成的看家美食。万顺成的创始人段玉吉、段玉林、段玉祥三兄弟祖籍天津静海县独流镇。初到津门，以卖麻秸、秫秸和苇子等柴火为生，攒了本钱，改为挑担敲梆子走街串巷卖小枣秫米饭和莲子粥。有了一定积蓄后，在南市东兴大街找了一间门脸儿房，于1920年创办"万顺成饭铺"。其小枣秫米饭是用白秫米和少量糯米、小枣一起熬成。关键是，先将清水烧至温热，下入淘洗干净的秫米、糯米和小枣，用大火烧开，待米粒胀开时，用中火熬煮，直至米粒软烂成粥，汁液黏稠。每碗上面撒绵白糖，点糖桂花。粥色纯净洁白，粥质黏滑软烂，甜美适口，桂花香气袭人，小枣枣香浓郁。

小枣秫米饭较之八宝茶汤，各有胜场，各有各的食客群体。

油炸蚂蚱

1990年代去泰国旅游，导游推荐千虫宴，想想千奇百怪张牙舞爪的各种虫子，思想斗争半天，没敢尝试。前几年，再去东南亚，柬埔寨暹粒的导游鼓动大家品尝千虫宴，最终出于好奇，壮着胆子前往一试。蜘蛛、蟋蟀、油壳螂、蚕蛹、树猴、地猴、树牛子、水蛭、大豆虫，凡你认识的昆虫，这里全有，不认识的更是数十种。千虫宴未必，百虫宴总是有的。林林总总，花花绿绿，琳琅满目。最后，只择最熟悉的油炸蚂蚱吃了几个。二十美元的餐费，权当买了参观票券。

　　天津人吃蚂蚱，由来已久。天津自古为退海之地，河塘洼淀、盐碱荒地众多，荒草野苇繁茂，易于蚂蚱生长繁殖，因而蝗灾不断。蝗灾严重时，"蝗虫蔽天，食禾殆尽"。天津志书记载："明万历四十三年至天启元年，北方屡有蝗灾。当时天津人遇有蝗蝻，就行捕食，或相互赠送，也有做熟制干出卖者。"这可能是天津人兴起吃炸蚂蚱风俗的最早记录。明清两代发生蝗灾时，蝗虫漫天飞舞，似雨如雾，所过之处，遮天蔽日，而成片庄稼，顷刻狼藉一片。百姓挥开布口袋顺势罩去，每次可捕获数十只。清代名士周楚良的《津门竹枝词》云："满子呼来蚂蚱香，醋烹油炸费葱姜。不须刘猛将军捕，食尽蝗虫保一方。"

津门百姓喜吃"油炸货"，故天津卫的油炸货品种甚多。从炸鱼炸虾到炸螃蟹，从果仁儿卷圈到老虎豆，其实最好吃的还是炸蚂蚱。中秋季节，蚂蚱吃了新熟粮谷，日益肥满，正是美食蚂蚱最受吃之时。过早，蚂蚱不肥没子；过晚，蚂蚱老了，皮厚不好吃。天津人每逢其时则大量捕捉，既可现吃现炸，大快朵颐，也可用开水煮焯后晾透，存储至冬季食用。尤其是油炸满子的青头愣，用热大饼一卷，更是其香无比，咬一口，感觉那蚂蚱子儿都在齿间跳动。难怪津门百姓留下一句歇后语："烙饼炸蚂蚱——家（夹）吃去。"

旧时，津门卖油炸货的店铺很多，如天宝楼、玉华斋、小白楼的永德顺等，与其他酱制品同时出售。小店和串胡同的小贩更是不计其数，而大家公认老城里鼓楼北于十的油炸蚂蚱最好吃。那炸得金黄金黄的大肚蚂蚱，撒上碧绿的葱丝，令人馋涎欲滴。

1898年版《津门纪略》食品门著名食物栏目中记载"炸蚂蚱：鼓楼北—于十"。与"卤煮野鸭：鸭子王""大包子：侯家后—狗不理""小包子：鼓楼东—小车""熬鱼：西头穆家饭铺"等十九家"著名食物"并列。于十炸蚂蚱是将活蚂蚱在油锅中炸至金黄色，控油后，放入调配好作料的瓦盆中，滚热的蚂蚱经作料一激，立刻吸饱了作料，味道透彻其中。香酥的蚂蚱，散发着油香、醋香、酱油香、葱姜香。经热大饼一夹，味道直冲心脾，令食者欲罢不能。

天津文史学者高伟先生对油炸蚂蚱津津乐道，回忆道："记得儿时的一个夏天，我真是饱饱地吃了一回油炸蚂蚱。那是一天午后，我正在木盆里玩水，门外走进一个扎着白毛巾的农村老汉，声称老家遭了虫灾，颗粒无收，只好逃荒要饭，让母亲买点他带来的蚂蚱。胡同里放着一副担子两个箩筐，里面放着两个系着口的大粗布袋子，打满了各色的补丁，记不得母亲给了老汉多少钱，老汉就让母亲取来一条面口袋，套在粗布袋上，打开系绳，用手捏紧，一阵"扑扑棱棱"作响，都是大个满子儿的青头愣，竟把一条面口袋装满了。母亲收拾蚂蚱，从口袋里抓出一只蚂蚱捏住，拧下翅膀，剪掉后腿的细长部分，放到开水碗里烫一下即丢在撒过盐的盆里，不一会儿就择满了一小盆。晚上用油炸至黄褐色，浸入酱油、醋、葱、姜、蒜混合作料里随即捞出控干。炸蚂蚱油亮油亮的，用刚烙的热饼夹着吃，其味美不可言。那一袋子蚂蚱连自家吃带送邻居，居然吃了三天。"

炸蚂蚱制法：将活蚂蚱翅膀揪去，去掉小腿，讲究的连大腿也去掉，还要剪去蚂蚱的嘴和牙齿，以免吃到肚里欺心；油锅烧至滚开，把蚂蚱炸到发黄褐色时捞出沥净油。预先备好瓦盆，放入酱油、醋、香油、葱丝、蒜片等作料。把炸好的蚂蚱就热泡在瓦盆里，翻两下入味，捞出，控干。售卖时，在成品表面撒上葱丝、蒜片。吃起来油而不腻，酥鲜香脆。如夹在刚烙熟的热饼里，味道独特，且回味无穷。

蚂蚱，属于昆虫纲蝗科，俗称"蝗虫"。蝗虫虽给人类带来深重灾难，但对人类也有贡献的一面。作为食物，秋季蚂蚱高蛋白、低脂肪，其虫卵中含丰富的卵磷脂。卵磷脂被消化后，可释放胆碱，对增进人的记忆大有裨益。经霜打的蚂蚱，具有止咳平喘、解毒、滋补强壮等功效，可治菌痢、肠炎等病症，对百日咳、支气管炎有较好的疗效。当时的天津人虽不懂这样高深的道理，但油炸料烹制法，却符合食疗保健的原理。

近些年来，连年干旱，蚂蚱不见了，蚂蚱也成了稀罕物。沿街制售炸蚂蚱的商贩没有了，走街串巷卖炸蚂蚱的小贩也不见了。以农家菜为招牌的饭店或城郊农家院时有炸蚂蚱出售，且为养殖蚂蚱，是光临农家院的老饕必点之物。大概是养殖蚂蚱供不应求，油炸水蛭、油炸知了也上了餐桌。谁能预判，在吃字面前敢为天下先的天津吃主儿，若干年后，就不会整出百虫席、千虫宴来？

青酱酱肉

有一样天津的传统美食失传了,至少失传了五十年。那就是美味不输于金华火腿、宣威火腿的"青酱肉"。

据天津乡土文学作家郭文杰(一默)讲:过去,天津人炒菜用糖色,日本人在天津开办酒厂,生产清酒,捎带生产酱油。天津人便把酱油称为青酱,可能是运河沿线语言相通的缘故,青酱肉顾名思义就是用青酱浸泡出的肉。

青酱肉是天津的传统酱制美食,享誉经年,很受津门食客追捧。青酱肉用料讲究,制作精细,味道独特,堪与金华火腿、广东腊肉媲美。每年冬季进九以后,选用香河县产皮细肉嫩、肥瘦适度的肉型猪的后腿部位,剁掉蹄爪,但不可碰破骨膜,整理成六斤左右的椭圆形块(坯),将细盐分七次(每天一次)撒在肉坯上,每十二小时翻倒、摊晾各一次,挤出血水。然后从肉坯边缘穿绳上挂再晾三天,晾后入缸加注酱油及大料、小茴香、花椒、甘草等。浸泡八天，此过程名为"腌七泡八"。八天后，将肉坯取出挂在通风处晾干，来年2月（一百天左右），收入净缸或密封室内存放。到霜降前后，将肉坯取出，用清水浸泡一天，用碱水刷洗干净，开水下锅，以适当火候煮制一小时左右，即为成品。青酱肉表皮酱红，肥肉莹润透明，瘦肉则不柴不散，肉丝分明。入口酥松，清香鲜美，利口不腻，风味独特。制作青酱肉的店铺只天盛号一家。

1921年"双十节"刚过，北门外大街商铺林立的夹缝中又多了一家"天盛号"酱肘铺。店主季拱臣，山东掖县人，少时曾在北京前门外西河沿天盛号酱肘铺学徒，因聪明过人，学到一身好手艺。天盛号酱肘享誉京城，皇亲贵族、达官显宦皆视为上品。辛亥革命，清帝退位，遗老遗少纷纷迁居天津。季拱臣尾随北京天盛号老食客跻身津门。开业那天，著名书法家吴士俊书写的"天盛号酱肘铺"匾额高悬门楣。主打酱制品除青酱肉之外，还有酱肘子、酱鸡鸭、熏鸡、烤鸡、扒鸡、熏鱼、酥鱼、五香鱼等品种。酱肘子也是天盛号看家美食。酱肘子选取猪前肘。虽未"腌七泡八"，却也经过多道工序腌制。用老汤大火煮至锅沸，减为小火保持二十分钟后去火。加足作料，复加盖继续小火煮三十分钟。取出酱肘，趁热脱骨分离皮肉，把瘦肉裹于皮内，用线绳捆绑紧实成猪肘原样，用重物重压五小时成形。因肉卷经丝线捆扎，重物紧压，肉卷表面有云波状花纹，文人雅称"缠花云梦肉"。不到两年，天津天盛号声名鹊起，远近驰名。遂在大胡同北口，金钢桥下坡处，购置了两间门脸的三层楼房，开设天盛号第一支店。不久，又在锅店街附近的单街子，开设第二支店，在法租界国民饭店楼下租门脸两间，作为第三支店。从此，天盛号销量大增,又在总店北侧购两间门脸,作为存货仓库,原仓库改为作坊。至此,天盛号成为当时最著名的食品业店家之一。

八十高寿的张显明老先生回忆:"老天盛号一进门,最引人注目的是那独特的菜墩子,那是一段有一人高、一抱粗,带着树皮的大柳树桩,切肉需要站在凳子上操作。为什么菜墩子要那么高呢?老掌柜说是怕伙计切肉时,顾客拥挤,伸手选肉,稍有不慎就可能误伤了顾客。这说明:天盛号的买卖好,顾客多;店家心里有顾客,时时为顾客着想。顾客提出买什么、买多少,切好过秤,用荷叶一包,不渗油,还带有一股清香,既经济,又环保。天盛号除了制作高档的青酱肉、酱肘子之外,每天都选购优质新鲜猪肉和猪头、猪蹄、猪尾、猪下水,现煮现卖,由于使用老汤好料,称得上肉烂味香,物美价廉。一出锅就引得人们争相购买,实在是大众化食品。当年,天盛号左近的河岸码头停满了船只。脚行装卸工、船夫、纤夫从事繁重的体力劳动,吃的要硬磕,即买即吃,因而大饼夹酱肉成为首选。各种酱货用热大饼卷上吃,既节省时间,又搪时候。当年天津俗语:'大饼卷酱肉,越吃越没够。'完活下班,带上一包猪耳朵或酱杂样,回家当酒菜,也是穷哥们儿的一种享受。另外,针市街、估衣街一些大买卖家的厨房,更是固定的老主顾。东西赢人的天盛号占尽天时、地利、人和。"

青酱肉断档多年,令人唏嘘。天盛号也如明日黄花,只剩中嘉化园一个门脸。虽有一批老顾客跟随,也只是生产寻常酱制品而已。倒是另一名品名店遍地开花,填补了酱制品名品市场。与天盛号齐名的"天宝楼"酱制名品"京酱肉",可与天盛号的青酱肉、酱肘子相媲美,亦为天津酱制品之精品。京酱肉就是"京式酱肉"的简称。"京酱肉"应读为"京-酱肉",而不能读为"京酱-肉"。旧时天津民间把酱油称为京酱、青酱。京酱肉外表酱红,且包裹酱汁,便被食客称为"京酱肉"。有人说:京酱即北京酱油;京酱肉即为北京酱油炖制的酱肉。其实,京酱在北京意指面酱、黄酱。如京酱肉丝,其调料即为面酱或黄酱,盖与北京酱油无涉也。

天宝楼制作的京酱肉也很讲究。将猪后臀尖肉洗净切成一斤左右的方块形肉坯,用冰糖、红糖、酱油、料酒和花椒、大料、桂皮、香叶、肉蔻等香料及葱姜段加老汤配制成调料。将肉坯没入调料中,腌制一晚。下锅炖至肉烂汤黏即可出锅,出锅时在肉的表面涂上一层红褐色酱汁,即为成品。特点是外表色泽酱红、内里肥白瘦红,肉烂而不碎,甜中带咸,肥而不腻,瘦而不柴。特别注意的是要低温存放,否则包裹的酱汁易化。而秋冬热卖的烤肉(老天津卫称之炉肉),那得用五花三层的好原料,腌制十二个钟头后,以果木炭烤,至肉皮呈米粒大金黄色的小泡,才切片使用,自成另一名品。其他酱制品还有酱肘子、酱牛肉、粉肠、松仁小肚、腊肠、熏大肠、熏兔肉、熏鸽子、酱下水(心、肝、肚、口条)、火腿肠、熏鸡蛋、烧鸡和味道可口的小酥鱼等十五个品种。最平民化的酱杂样,以心、肝、肺、肚、口条、肥肠等酱制品为主,按照一定比例切片、搭配,放在白瓷碟里拌匀,吃一口变一个味儿。

1923年的一天,大书法家华世奎晚上到中国大戏院听戏,其间忽然想起天宝楼酱货,就差人去天宝楼叫食盒。掌柜见华先生大快朵颐,吃得开心,便顺势求字。华先生欣然挥毫,写下"天宝楼"三个大字,一时传为津门美谈。

杂碎杂样

在天津,"杂样"是汉族居民对多种酱制品杂配在一起的叫法;"杂碎"或称"羊杂碎"是回族居民对牛羊下水制品的称呼。二者不能叫混了,万勿囫囵吞枣,随意称之。

汉族居民卖酱制品的商贩,将粉肠、蒜肠、肥肠、玫瑰肠、肺头、心、肝、沙肝等酱货切成片,混在一起售卖,称为"杂样"。这种混搭,品种丰富,口味多样,经济实惠。虽然粉肠、蒜肠、肺头等不值钱的"虚货"占了绝大多数,但还是很受平民百姓欢迎。劳累一天的天津大哥,下班回家路上,捎上一包杂样,弄上点毛豆、乌豆、老虎豆,到家后斟上二两直沽烧酒,连吃带喝,通体舒服。赶上好友来访,多喝二两,那就天下太平,不知今夕何夕了。

与杂样相比,倒是杂碎更货真价实,羊肝、羊肚、羊心、羊肺、羊脑、羊眼、羊舌、羊头肉、羊蹄筋,真材实料,样样给力。很多顾客在买羊杂碎时捎带要点儿汤，回家烩菜。多数商贩并不情愿多给，因为那老汤是保证转天生意的重要材料。

杂碎不但惠及回汉两族民众，而且名扬海外。杂碎让外国人认识了中国，认识了中国菜。有一段公案，至今未有定论。光绪二十二年(1896)，清政府派李鸿章去俄国参加尼古拉二世的加冕典礼，同时出访美国。美国人盛情有加，总统克利夫兰派卢杰将军到李鸿章搭乘的"圣·路易斯"号邮轮上迎接，码头上更是人头攒动，万人欢呼。美国人向大清国的使臣充分展示了科技成就和民主制度。李鸿章访问即将结束，告别晚宴将如何安排，让他大费周章。李鸿章看到了美国政府的民主、勤俭、亲民，想必美国人不会欣赏他奢侈的生活作风。于是，他找来了当地的华人领袖和中餐馆的老板，一起商量晚宴的菜品安排。中餐馆的老板是广东台山人，早年被卖"猪仔"来到大洋彼岸，修完铁路后身无分文，无计归家，语言不通，也无法谋生。正在穷途末路时，见洋人宰猪杀牛，只取净肉，而将内脏、下水都白白丢掉，于是他想起家乡普遍食用的杂碎，灵机一动，"人所弃之，我所取之"，就用牛羊的内脏、下水烹制杂碎汤，既经济又实惠，解决了自己的果腹温饱问题。由此，台山同乡们纷纷效仿，既自食，又拿到市场上出售，在华人圈中广受青睐。杂碎也引得洋人们馋涎欲滴，有胆大的洋人也来此大快朵颐。想到此，中餐馆的老板向李鸿章谏言，将烩杂碎作为压轴大菜呈献给美国贵宾，既经济，又实惠，又亲民。李鸿章想到清政府刚刚经历了甲午战争的惨败，向日本赔偿白银二亿两，国库已是空虚至极，还有什么脸面炫富，一帅不如一怪，出奇方能制胜，就批准了这一方案。果然不出所料，美国宾客品尝到从未享用过的烩杂碎，欣喜若狂，大加赞赏，纷纷询问：

"此乃何菜？"聪明的中餐馆老板借题发挥，答道"李鸿章杂碎"。这既讨好了李大人，又为自己的菜品做了很好的免费广告。于是乎，李鸿章杂碎风靡美国，不少旅美华侨纷纷开设"杂碎餐馆"大获其利。

李鸿章离开美国七年后，梁启超也来到了纽约，他被纽约街上的"李鸿章杂碎"招牌吸引住了。一番调查后，不得不佩服"李鸿章杂碎"的魅力。他在《新大陆游记·由加拿大至纽约》中写道："杂碎馆自李合肥游美后始发生。前此西人足迹不履唐人埠，自合肥至后一到游历，此后来者如鲫……仅纽约一隅，杂碎馆三四百家，遍于全市，每岁此业受人可数百万。"只要有台山人，就会有杂碎馆。

有一个"冷静"的美国人，著名美食家E.N.安德森说穿了杂碎的来历。安德森在一本非常权威的中国菜指南——《中国美食》中正式把这一名菜的"著作权"划给了台山，而不是李鸿章。他说："杂碎原本是产生于广东南部台山地区的一道菜肴，因为烹制简单，而且对于用料的要求也不高，所以在下层民众中广为流行。在广东话中，'杂碎'就是'混杂在一起的动物内脏'。"杂碎馆的经营者，想必是看中了李鸿章在美国的名气，所以，在杂碎之前加了李鸿章的大名。

美国人认死理，认准的东西很难改变，何况杂碎确实美味。1968年，泰国总理他侬访问美国，白宫负责接待的官员知道他喜欢吃中国菜，特意向华盛顿的皇后酒店订了五十份杂碎。酒店老板大为惊讶，解释说：杂碎在中国是下等菜，上不了重大筵席，不应该用此菜招待国宾。白宫官员却告诉酒店老板，这是美国人公认的中国名菜，只有上了这道菜才够档次。可见，美国人确实将杂碎当做了中国第一名菜。

"李鸿章杂碎"所使用的原料究竟是什么？谁也说不清。一百个人有一百个"李鸿章杂碎"菜谱,印度人、菲律宾人都有自己的一个杂碎版本。美食界也确有"杂烩说""全家福说""什锦大烩菜说"等,但有一点可供美食历史爱好者们思考:李鸿章杂碎有可能非台山版杂碎,但梁启超眼见的台山杂碎馆售卖的确实是动物内脏杂碎;台山的杂碎与天津的杂碎没有本质的区别;李鸿章在天津为政多年,难道就没有品尝过天津正宗的清真杂碎吗?

  李鸿章在天津,无论大宴小宴,迎来送往,迎亲会友,必点天津清真传统名菜"熄羊三样"。何谓"羊三样",羊杂碎之列中的羊眼、羊脑、羊脊髓是也。此菜使用天津传统烹饪技法"独"[1],重在掌握火候,成菜色泽金黄,口味咸鲜。无论如何,它还是羊杂碎。可见李鸿章对羊杂碎情有独钟。

---

[1] "独"即熄。天津独有的一种烹饪技法,意为"咕嘟"。因"熄"字是旧时文人所造之字,字典字库中没有,故现在只好用"独"字表示此种烹饪方式。但本书所引菜谱中,仍保留"熄",以为历史记录。

红靠白靠

凡是对天津美食有点粗浅认识的吃主,没有不知道"八大靠"的。但何为天津八大靠?如何命名?原自何方?有何区域差别?就鲜有人知了。

据史料记载,在两千多年以前的秦代,天津东南沿海的汉沽、塘沽、宁河、大港地区就有人群居住。当时这一带地界,俗称为"小盐河"。此地先民以制盐为生,饮食以粗粮为主。产盐之地,寸草不生,何况新鲜时蔬,一菜难求。聪明的盐民,以海水煮鱼煮虾,称为"叉鱼""叉虾",以为副食。时光往冉,这种原始的熬煮烹调技法不断完善,成为当地著名的特色美食。

滨海新区文联副主席、汉沽作协主席王玉梅对八大靠有简明扼要的概述:"'八大靠'是靠海鲜的总称,它其实不局限于八种海产品,凡是能适应靠的技法的菜品统称为'八大靠'。但通常的说法为两种,一为:靠梭鱼、靠刺鱼、靠虎头鱼、靠海鲶鱼、靠墨斗、靠蚶子、靠麻线、馇白虾。二为：馇鱼、馇虾、馇墨斗、馇海螺、馇蚶子、馇八带、馇蚂蝶、馇麻线。前者是个性提法，后者是综合提法。"这让云里雾里的外地人，对八大馇有了比较明确的认识。

八大馇的特点是：馇鱼体形完整，根根如棒，咸香爽口，肉坚咬口好；馇虾味道鲜美，亦酒亦饭；馇墨斗酥软酱香，有子为上品；馇海螺滋品其香，肉美汤鲜，人间美味；馇蚶子鲜嫩无比，堪称经典；馇八带味道别具一格，馇味最为突出；馇蚂蝶秋季单产，物稀为贵，高营养价值，富含 G 蛋白；馇麻线产量高，经常食用有提高免疫力之功效。八大馇成品，夏季可保持七天，冬季则三个月不变色、不变味。

八大馇的制作有极鲜明的特色。最初的馇法是用海水煮新鲜的海产品，对海鲜原料的选择不可过大，以长不盈尺者为首选；处理时不刮鳞、不破肚，不去鳃，洗净即可。由头到腹，由肠到骨（鱼刺），无一舍弃，保持外形完整，营养不流失。制作（不是"烹制"）时，不炝锅，不加任何调味品，比较原始。

经多年演变，馇技不断发展。人们总结出"三不一净"的标准，即不刮鳞，不破肚挖内脏，不炝锅；去掉鱼鳃洗净。在使用食材上，使用调料、作料上，不同地区，取舍不同，逐渐形成各自的特色。

汉沽地区以海鲜为主，俗称"海泽八大馇"。制作方法是在保持传统制法的基础上，加入花椒、盐、大料、葱段、姜块（用刀背拍散）、蒜瓣、干辣椒、料酒、虾油、酱油和当地的卤汁等作料，熬成汤；开锅后，放入原料，汤要漫过原料，以便熬煮。大火熬煮至原料断生，改文火，慢慢馇酥，至汤微少，原料头、尾翘起，刺酥软，馇海鲜味弥漫时关火。不开锅盖，原锅原汤，汤汁包裹原料，自然形成凝冻状，拣出葱姜蒜等作料,以凉菜上桌。成品呈酱红色,海鲜味道浓郁,咸度略重,但比较接近正常菜品。自成"红馇"特色。

宁河地区不靠海,但界内河湖遍布,港汊纵横,河鲜丰盛。所以,宁河的八大馇,以河鲜为主,俗称"淡水八大馇"。即馇河蟹,馇鲫鱼,馇河虾,馇小白鲢鱼,馇小麦穗,馇水蚂猴,馇银鱼,馇田螺,馇泥鳅,馇油壳螂。其制作方法也为红馇,但调料中不使用虾油,而使用少量的腌渍芥菜的卤水,以压制河鲜的土腥气。

塘沽、大港地区的八大馇制作比较原始,在调料的投放上,既有虾油,又有芥菜卤水,但不使用酱油调色,保持了本白颜色。自成"白馇"特色。咸度偏重,几与咸菜无异。

名不见经传的民间小吃"八大馇",差点成为皇宫御膳贡品。清光绪二十一年(1895),在小站练兵的袁世凯,在时任天津海关道的盛宣怀陪同下,视察天津盐业产区。宴会上,对汉沽的八大馇赞不绝口,提议进贡到清廷御膳房。后因甲午战争失利、社会动乱、皇室式微等诸多原因,袁世凯的这个提议未能实现。

八大馇原称"八大叉",于1980年代天津地方特色食品展示会上,由时任汉沽区饮食公司科长的国家级烹饪大师张长河先生首先提出。2003年,在天津地方菜大赛中,由宁河国家级评委于德良、汉沽中国烹饪大师张长河、塘沽国家职业技能高级考评员张会哲等在借鉴北方民众将熬煮饭食称为"馇食""馇饭"的基础上,论证提出津菜特色烹饪"馇"的技法,将其熬煮烹饪技艺冠名为"馇"。以馇技烹饪的河海鱼虾原称作"八大叉",遂改称为"八大馇"。"八大馇"之称,也由此传开。

路记烧鸡

烧鸡是汉族回族风味美食。将涂过饴糖的鸡油炸,然后用香料制成的卤水煮制。香味浓郁,味美可口。全国有名有号的烧鸡扒鸡不在少数,山东的德州扒鸡、河南开封的马豫兴桶子烧鸡、河南滑县道口镇的"义兴张"道口烧鸡、江苏古沛郭家烧鸡、安徽素质符离集镇的符离集烧鸡、辽宁北镇县沟帮子镇的沟帮子熏鸡、甘肃静宁县的静宁烧鸡。只天津一地,就有刘记烧鸡、小李烧鸡、小马烧鸡、西北角大鼻子烧鸡、鸿泽园老汤烧鸡、河北三马路老铁熏鸡、同兴成烧鸡,没名没号的不计其数。我独独最爱德馨斋老路记烧鸡。

1985年底,新婚不久的我搬入河北大街8号楼,每天都到楼下路边的农贸市场买菜。市场附近有两家老路记烧鸡店,相距四十米,同为"德馨斋"字号,味美质优,生意兴旺。每天傍晚开张时,顾客盈门,赶上节假日,常排起数十人长队。

迁入新居，安顿停当后，去看望爱人的姥姥，首选礼品便是老路记烧鸡。老人家八十大几，体无大恙，唯不思茶饭，把子孙愁得团团转。没想到，老路记烧鸡使老人胃口大开，几块下肚，已面泛红光。全家高兴异常，夸新姑爷会办事，买来美味，救了老人家。获得赞扬，心里自然美滋滋的。那年头，一个月工资39.78元，七八块钱一只的烧鸡不可能隔三岔五地消费。烧鸡店物美价廉的鸡杂，让我经常光顾。老路记的熏鸡肠、熏蛋白（母鸡体内尚未成熟的鸡蛋）两块钱一斤，买回尽可佐菜、凉拌、辣烧，大快朵颐。几年后，全家迁居他处，但每周必绕道来老路记烧鸡店买鸡杂，逢年过节必买几只老路记烧鸡，以孝敬双方老人。迄今，年过八十的老岳父，吃鸡只吃老路记。

老路记烧鸡有何秘诀妙方拴住食客胃口？创始人路德贵、路德树哥俩是清朝末年天津最大的活禽供应商。得漕运便利，白洋淀的活鸡、活鸭、水禽野味源源不断运进天津，再经过路家散布全市。路家甄别活禽的技艺高超，为人忠厚，恪守商业道德，从不贩卖不合格的鸡鸭，所以，天津的各大饭庄非路家的活禽不买。路家生意之红火，可见一斑。

路家老店坐落在北门外的河北大街小石桥西崇德里24号，紧邻南运河。河北大街一带农副杂货店鳞次栉比，南北客商云集。一些与路家相熟的船家和老客托路家代做风干鸡、风干鸭，以便携带方便，路上享用。由此，路家兄弟看出商机，除为南方客商制售干腌鸡鸭外，又潜心研制适应面更加广泛的烧鸡。1889年，老路记烧鸡店开张纳客。从此，活禽烧鸡两路并举，买卖更加兴隆。

路家买卖以诚信为本、薄利多销，路家兄弟为人忠厚，广结善缘。同义庄马阿訇的女儿马士贤与路德贵的长子路玉金相遇相知相爱，喜结连理，成就了一段佳话。马阿訇对汉文化也了若指掌，深知鸡有"五德"，实乃"德禽"。汉代《韩诗外传》曰："头戴冠者文也，足傅距者武也，敌在前敢斗者勇也，见食相呼者仁也，守时不失者信也。"归纳为文、武、勇、仁、信"五德"。他为老路记烧鸡店取名"德馨斋"，取"德行馨香"的意思，并赠送祖传制作烧鸡的秘方作为女儿的陪嫁，使路记烧鸡质量更佳，销量大增。

老路记烧鸡清香透骨、熏香浓郁、回味绵长。加工烧鸡，从选鸡入手，看鸡冠，摸鸡裆，观鸡腿，把握鸡龄，把握肉质。钻研腌制配料，除传统的辛香调味的桂皮、桂条、大料、白芷、丁香、紫蔻、肉蔻、砂仁、陈皮等，还要考虑季节、气候对人体不同影响的因素，遍访名中医，精选顺应四时节律的中药材，制成秘方。经过二十四小时腌制，再用四个小时的小火酱制，最后，用香米、茶叶、冰糖熏制，使成品烧鸡鸡形不散、通体金黄、皮脆肉嫩、味厚适口、久放不损。

中华传统文化特别强调进食与宇宙节律协调同步，春夏秋冬、朝夕晦明要吃不同性质的食物。老路记烧鸡添加了顺气理中、开胃健脾，顺应四季的中药配方，食客食之，夏不上火，冬不寒凉，春秋平衡，从而吸引了大批的回头客。

新中国成立后，路家第二代传人——路玉金、路玉铭共同经营老路记烧鸡店。他们以河北大街为生产基地，在和平区东安路市场设立窗口，除以零售满足广大食客外，还专供天宝楼、天庆楼等酱货老字号。利顺德大饭店、国民饭店常年设老路记烧鸡专柜，以满足中外食客的需要。天津东站、北站、西站始发的列车餐车上供应老路记烧鸡，将老路记烧鸡带向了全国。时任天津市主管财贸的副市长王光英，便认识了老路记烧鸡，并成为忠实的拥趸。二十年后的1999年，国内贸易部评选中华老字号，王光英推荐了百年老号德馨斋老路记烧鸡店，并为之作证。

老路记烧鸡传到现在第五代路桂荣，坚持老传统、老工艺，恪守"德行馨香"的古训，并因其特殊工艺制作技能喜获"区级非物质文化遗产传承项目"殊荣，实为对老路记烧鸡品牌的首肯。让所有顾客买着放心，吃着开心，送客顺心。

别忘了，吃完鸡肉，鸡骨头您可别扔，老路记烧鸡鸡骨头熬出来的汤，比白鸡吊汤还有味道，不信您试试。

烧麦蒸饺

天津的烧麦有回汉之分，烧麦制作工艺与外形一样，只是馅料有别。但蒸饺多出自清真馆，属清真美食。另外，天津回族人称呼的包子，即为发面蒸饺。

烧麦制作面皮有讲究，须用烫面，即用开水和面，面已半熟，再加入冷水和的面，以增加成形能力。烧麦皮有两种：荷叶皮和麦穗皮。荷叶皮须用一种橄榄形的特殊擀面杖擀皮，擀出的皮薄而四边如同荷叶花边，中间放馅。不用使劲包，一提一拢就成形，上屉蒸熟。蒸熟的烧麦，皮薄剔透，色泽光洁，底肚为圆，上腰收细，顶部开口，形若石榴，美观好吃。有的商家，在烧麦顶端开口处摆放一枚色彩鲜亮的虾仁，平添卖相，以吸引食客。

清真烧麦馅料以牛羊肉为主，下葱姜末，用高汤搅拌，稀而不澥。三鲜馅放鸡蛋、虾仁、木耳。烧麦松软油润，略带汤汁，鲜香适口。20

世纪40年代,天津南市马记马家馆清真烧麦质量最佳,有口皆碑,为津门清真烧麦首选。现在,天津清真饭馆多有烧麦供应,风味各异,质量皆优。

汉族居民烧麦馅料以猪肉为主,除三鲜馅外,根据季节调整馅料。如春配青韭,夏入西葫芦,秋用河蟹肉,冬日放三鲜。过去,劝业场后身辽宁路京津小吃店旁有家烧麦馆,整日顾客盈门,排队等号。可见,烧麦在天津食客中受欢迎的程度。

还有一种与烧麦齐名的蒸食——蒸饺,同样受到津门食客热捧。

天津蒸饺有烫面、发面两种。发面蒸饺较烫面蒸饺略大,牛羊肉水馅或加菜馅,也有麻酱素馅和清素馅的。发面蒸饺面皮暄软,洁白光亮,自有一番风味。其中的鸭油包,说是"包",实为"饺",多为烤鸭店出售,如正阳春烤鸭店,在饭馆门外单设窗口,专卖鸭油包。因其风味独特,成为发面蒸饺中之上品。

另有两种名声享誉津城的蒸饺已经失传多年。"三皮蒸饺",以熟鸡蛋皮、绿豆粉皮、油炸馃篦儿如此"三皮",配鲜韭、面酱、葱姜末、香油,成品清素爽口,酱香四溢。"牛头蒸饺",馅配牛肉、葱头,简称"牛头"是也,成品面软韧,牛肉、葱头各具滋味,硬磕,挡口。

烫面蒸饺多为清真食品,特色鲜明。2011年的农历八月十四,我赴京看望红学大家,九十有三的天津老乡周汝昌先生,还提起天津蒸饺名馆"恩发德"和"增兴德"。周先生回想美味,溢于言表。

民国初,时文德在老城里东门里摆摊,专卖蒸饺。1921年,在东门脸盖了小楼,挑字号"恩发德",俗称"半间楼"。每天顾客盈门,座无虚席,享誉八十多年。2003年,老城拆改,始终。

与恩发德同时期,南市里的"增兴德"蒸饺,为"南市保长"张春荣经营,美味无比,兴盛一时。

现如今,天津蒸饺保存下来的蒸饺老字号,就属"庆发德"了。

庆发德蒸饺,选用优质小麦面粉,四季用不同水温烫面,馅料选用肥瘦适中的鲜牛羊肉、虾仁、鲜嫩蔬菜等,调料配料齐全。蒸饺成品,形似羊眼,面皮亮润,皮薄馅大,不塌不艮,馅鲜可口,汁浓味厚,肉香四溢,鲜香可口,好评如潮。庆发德始终坚持实行专人供货,原材料专人管理,馅料专人调制。八十多年来,不断创新,增加品种,满足食客需要。连续创制了牛肉蒸饺、茴香牛肉蒸饺、芹菜牛肉蒸饺、羊肉蒸饺、西葫芦羊肉蒸饺、胡萝卜羊肉蒸饺、辣子羊肉蒸饺、三鲜蒸饺、冬瓜虾仁蒸饺、雪菜蒸饺等二十多个品种。其中西葫芦羊肉蒸饺、三鲜蒸饺、牛肉蒸饺销量最多,一店便可日销四百斤。

1911年,回族青年谢国荣,随祖母和父亲、叔父等家人从山东蓬莱定居天津,原天津知县刘孟扬的回族家厨韩德兴帮助了他们。谢国荣丧父,又得韩德兴庇护,并娶其爱女为妻。1927年,对厨艺十分痴迷的天才谢国荣创办庆发德饭馆。他既保持传统清真菜品,更立足创新。为适应北方人喜食水饺的饮食习俗,创制出风味独特的烫面蒸饺,一经推出即受食客追捧。谢国荣擅长管理,把庆发德饭馆管理得井井有条。他经营思路开阔,利用庆发德地处繁华商业娱乐区的优势,采取了一系列经营措施:将营业时间延长,改为上午十点至深夜十二点,使食客能随时吃上可口饭菜;增添外卖业务,派伙计提篮送饭。庆发德名声逐渐传扬,戏迷、书迷、影迷喜到餐馆吃晚餐或夜宵,使庆发德成为他们聚会雅集的场所。谢国荣为津门父老创办名号,奉献美食,如此奇才,却目不识丁。1950年代,公私合营签订合同时,由合伙人代为签名,竟将"谢国荣"误写为"解国荣",以致误传六十余年。我采访其后人时,才得以大白于天下。

庆发德蒸饺第三代传人马燕来,继承师父、庆发德第二代传人回春生的厨艺,秉持师祖谢国荣的独门秘技,将烫面蒸饺这一天津独有的美食发扬光大。因技艺高超,口味独特,庆发德蒸饺被中国烹饪协会授予"中华名小吃"称号,并跻身地区级非物质文化遗产之列。

烩饼焖饼

天津人爱吃烙饼，因饼衍生出来的美食很多。焖饼、烩饼、炒饼是天津人的家常便饭。街头巷尾制作烩饼焖饼的店铺随处可见。

烩饼、焖饼和炒饼的原料相同，主料都是饼丝，区别在于烹饪方法不同。

烩饼荤素皆有，以三鲜烩饼为最高档次。肉烩加肉丝，素烩加菜丝，三鲜烩饼要加海参、虾仁、熟白肉、玉兰片配菠菜。炒勺打底油，下饼丝煸炒，待饼丝略硬挺时出勺待用。另起锅，打底油，下葱姜末炝锅，放入虾仁、海参等煸炒，烹料酒、酱油，放高汤和菠菜。开锅后，捞出辅料，下饼丝，盖盖儿焖制，待饼丝焖透，放盐，淋香油，出勺盛碗，再将辅料浇在上面。饼丝软香不黏，汤汁热而鲜美。汤的量多于饼丝，所以用碗盛，一碗烩饼其中既有主食又连汤带菜都全了，经济实惠，尤其冬天吃上一碗热热乎乎，寒气全无，周身通泰。

焖饼是从河北省南部的南宫、冀州一带传入天津的，以素焖饼最受食客青睐。与饼丝相配的菜丝并不固定，一般说来，冬季用白菜丝，夏季用豆角丝，也可加点胡萝卜丝配色。做法是锅内打底油，葱花炝锅，下白菜丝或其他菜丝煸炒，倒入酱油、高汤、精盐、饼丝焖制。待汤汁收干，饼丝焖透时，再用筷子挑起抖动，使之松软均匀。焖成后没有汤汁，味道吸入饼丝内，饼丝柔韧，散落不粘，吃来香醇可口胜过烩饼，所以更受食客青睐。最有名的当属天津老城东门里"冀州荣祥曹记饭店"，老食客昵称其为"冀州馆"，主营曹记驴肉、冀州焖饼和炒菜。冀州馆的主人就是天津酱货行业响当当的"曹记驴肉"的曹福堂。不知是驴肉助推了焖饼的名气，还是焖饼带动了驴肉的销量，反正是到冀州馆的必点焖饼。可见，焖饼在食客中广受追捧的程度绝不亚于曹记驴肉。

炒饼相对简单。肉、菜切丝，下油勺煸炒，烹料酒、酱油、清汤、盐，烧沸后，盛出肉菜，留下汤汁，下饼丝，翻抖几次，见原汤汁浸入饼丝后，盛盘，倒上肉菜即成。在家里制作没有这么讲究，肉菜烧沸后，直接倒入饼丝，汁尽饼干即成。

烩饼、焖饼、炒饼就是大众快餐。旧时，河北（南运河北岸）鸟市有闫记、义盛园、三胜涌、天福居四家卖烩饼、焖饼，专为劳苦大众服务。烩饼最便宜，顾客一进门，说声："给我来个人碗儿素烩！"素烩就是素烩饼的简称。偶尔解馋，才要"肉丝烩"。烩饼有汤用碗盛，焖饼无汤用碟子盛，根据顾客的饭量不同，又分大碗小碗、大碟小碟。

还有比三鲜烩饼更高级的，那就是天津武清的"金边扣焖"。外形是由饼丝加肉丝交叉成一个扁圆形，犹如一个压扁了的鸟巢，而周围是金黄色的鸡蛋膜，香味扑鼻，入口外焦里嫩，外面一层又脆又香，色、香、味、形俱佳。

早年的"金边扣焖"就是鸡蛋焖饼，百姓习惯称"扣焖"，是武清河西务一带的地方名吃，已经流传很久。因其味道可口，经济实惠，而且饭菜两宜，很受当地人喜爱。回汉两族的餐厅饭店都有经营这道名吃的。相传，乾隆皇帝有一次微服私访，行至河西务已近中午。这时两侧店铺中不时飘出饭菜的香味儿，乾隆爷顿觉饥肠辘辘。走到城中心，见市摊上有经营"鸡蛋焖饼"的，吃的人很多，于是也点了一盘。只见那位厨师把猪肉切成细丝，大饼切成短条，炒勺内放上一小勺油，将肉丝煸炒后，放入饼条炒焖至熟。然后顺炒勺边在四周淋上香油，再洒上鸡蛋浆，待四周结痂，即出锅入盘。但见盘中四周蛋膜浅黄，就像镶嵌了一圈儿金边儿，中间的饼丝肉丝成团，香味诱人。乾隆爷一看，造型新颖，先有了几分好感，待夹了一筷子焖饼放进嘴里，只觉饼丝儿脆香软韧、咸鲜可口。乾隆皇帝龙颜大悦脱口而出："好一个'金边扣焖'，美味，美味！"从此，河西务的"金边扣焖"之名不胫而走。

武清当地人将"焖"字加上儿话音，成"金边扣焖儿"。读来亲切，上口，够味儿。

后来，这道名吃在回族居民中传播开来。清真"扣焖"中的猪肉丝换成了牛肉丝，焖饼中又添加了豆芽菜，将原来的一面结痂发展为两面结痂，吃的时候再佐以黄瓜条、甜面酱、香醋等，味道更加独特。1987年天津市举办"群星杯"津菜烹饪大赛，河西务的这道传统名吃代表武清参加比赛，获得天津名小吃一等奖。

讲究吃的天津人，愣把一个平常得不能再平常的焖饼烩饼，整出这么多名堂来，不服不行。

四季时鲜美联翩

冬春两季青鲫鱼

天津人爱吃鲫鱼。鲫鱼分"白鳞""黑鳞"两种,就是"银鲫"和"黑鲫",春冬两季最佳。白鳞鲫鱼肉质细嫩,土腥味小;黑鳞鲫鱼鱼刺坚硬,土腥味大。天津人吃鲫鱼,首选白鳞鲫鱼,并且以鞋底子的尺寸为标准。您听吧,卖鱼的货摊前,总有行家大声吆喝:"掌柜的,给我来两条鞋底子鲫鱼,要白鳞的。家里儿媳妇生孩子啦,催奶用。"用白鳞活鲫鱼炖汤,汤汁奶白,鲜美异常,确实有下奶、增奶的功效。

农历正月二十五的"填仓节"是天津人集中吃鲫鱼的日子。传说有一年大旱,颗粒无收,百姓的衣食无着,朝不保夕,而朝廷依然征粮征税,一时间怨声载道。看守皇家粮仓的仓官不忍见饿殍遍野,便于正月二十五那天,开仓放粮,救济百姓。就在老百姓们一车一车将粮食运走之后,仓官一把火烧毁了粮仓,自己也在熊熊烈火中随风而逝……从此以后,每年的这一天,家家户户都要"打囤填仓",用填满谷仓的方式来感谢那位放皇粮救灾民的仓官，同时也表达祈盼新年物阜民丰的美好愿望。久而久之，这一天就演变成了如今的"填仓节"。填仓节也叫"天仓节""天穿节"。到了"填仓节"，"年"也就进入尾声了。

小时候听老人们讲：旧时天津卫的粮商们都要在正月二十五日这天焚香叩拜，供祭仓官（仓神），但是这个仓官已经不是那个开仓放粮的仓官，而是西汉开国元勋韩信。韩信做的第一个官便是仓官，也因此被民间奉为仓神，俗称为"韩爷"。在填仓节这天，天津的家家户户都要吃干饭、喝鱼汤。干饭要吃稻米饭，讲究的是小站稻米；鱼汤就是鲫鱼汤，讲究的是白鳞鞋底子鲫鱼汤，寓意是"大囤满来小囤流"。鲫鱼含有优质的蛋白质，味甘性平，有健脾利湿作用，对于因过年造成的睡眠不足和身体疲劳具有奇特的缓解功效。填仓节喝鲫鱼汤，可见"卫嘴子"饮食的讲究。

日常吃鲫鱼有讲究，鲫鱼熬汤要配卫青萝卜丝，家熬鲫鱼就要配旱萝卜丝，这已经成了天津家庭吃鲫鱼的标准配置。不怕麻烦的吃主儿，上席面要吃"酿馅鲫鱼"，大饭庄里称"荷包鲫鱼"。做法是：去皮五花肉剁成肉末，熟青虾仁、鱼骨、口蘑、火腿切成黄豆粒丁，盐、葱花、姜米、料酒、酱油、香油，搅拌成馅。鲫鱼洗净、去鳞、去鳃、削去鱼腹下铁鳞，由鱼脊背的肋骨根处剖二寸长口，掏出鱼内脏，灌入肉馅，用鸡蛋淀粉糊封好，旺火热油煎炸；下作料，大火烧开，小火煨入汤汁即成。鱼中有肉，肉托鱼味，鱼肉鲜嫩，酿馅鲜香，鱼肉中透着肉馅味，肉馅中尽是鱼鲜味，相互渗透，交相辉映。

天津菜馆饭庄烹制鲫鱼的名菜很多，熘鲫鱼、酥鲫鱼、酱汁鲫鱼、煎转鲫鱼、氽牡丹鲫鱼比较常见。一款极具天津特色的碎熘鲫鱼，酸甜口稍咸,是天津厨师采用"炸熘"技法烹制的传统风味酒馔。其烹制方法是:将小鲫鱼洗净,剁成段,油炸至通体透酥,油润脆香;以虾仁、南荠、木耳、黄瓜、韭黄、葱丝、姜丝、蒜片、绍酒、酱油、香醋制成卤料,趁热浇在鲫鱼上,发出一阵爆响,酸甜味、鱼鲜香、卤汁香,沁人心脾,振人食欲。

出天津城西行,位于京杭大运河畔,大运河、子牙河汇合处的静海县独流镇,一款"独流焖鱼"名扬京津两地。说独流焖鱼,就得先说独流老醋,因为没有独流老醋,便烹制不出独流焖鱼。独流素有"醋乡"之美誉,所产独流老醋与山西清凉老陈醋、江苏镇江香醋,并称"中国三大名醋"。独流老醋采用传统工艺和配方,精选优质元米、高粱米、稻米、红糖等为原料,经蒸料、糖化、发酵等工艺,制成一般老醋。再将原料酒化制成醋醅,经三伏天翻晒,制成有特殊香味的精醋,称"三伏老醋"。以"固体发酵—两次成熟—陈上三年"的古法酿成的醋,清澈透明,呈琥珀色,风味独特:酱香浓郁、入口软绵、酸而回甜、香味不绝。民间传说,清康熙二十三年(1684)康熙皇帝乘龙舟经大运河南巡,行至独流码头,闻阵阵醋香,停船靠岸。县令奉上独流老醋,简介制作工艺,皇上品尝后龙颜大悦,封为贡品。至清末民初,独流镇有大小醋厂酱园十三家,独流醋年产达五六十万斤。

独流焖鱼为何能独树一帜,受到交口称赞?"军功章"的一半,当归独流老醋。独流焖鱼取当地产鲫鱼,去鳞去内脏洗净,沥去水分;用六七成热的植物油将鱼炸成金黄色;用葱、姜、蒜、大料炝锅,烹入独流老醋、料酒、酱油等调料,再加入高汤,把煎炸好的小鱼推入锅里,加适量的盐、糖;大火烧开锅后,改文火焖制四小时即可。成品鱼形整齐，鱼肉松面，骨刺酥软，富含人体必需的氨基酸和多种微量元素。其色泽酱红，味酸甜略咸，后味绵长，开胃除腻，老幼咸宜，为佐饮佳肴。

独流焖鱼始于何时？相传，清朝末年，独流镇有个叫曹三的厨师，他把当地出产的鲫鱼过油后加独流老醋在文火上焖至骨酥刺软肉面，形成风味别具的独流焖鱼。当时的民国总统曹锟曾专门到独流品尝曹三的焖鱼，吃后大加赞赏。此后，独流焖鱼便成为天津菜中的经典美味。

一平二鲙三鳎目

儿时记忆，每及二月二，家家煎焖子、烙大饼、炒鸡蛋、炒合菜之时，奶奶便数落着"一平二鲙三鳎目"。初时不明白，这三种鱼鲜，要数最为脍炙人口，还得是鳎目鱼呀，怎么会是平子鱼占了第一？及长，方才知道，这三种鱼的排列顺序，是根据渔汛上市的时间而来的。

平鱼，即"鲳鱼"，也称"银鲳""白鲳"，属鱼纲鲳科，名贵的食用鱼类。天津人根据鲳鱼的外形近似扁平而称为"平子鱼""平鱼"。平鱼身体扁平，体表光滑，肉细嫩味厚，含有丰富的不饱和脂肪酸和丰富的微量元素硒和镁，有降低胆固醇的功效，并对冠状动脉硬化等心血管疾病有预防作用，对高血脂、高胆固醇的人来说是一种不错的鱼类食品。特别是小儿久病体虚、气血不足、倦怠乏力，食平鱼可提振食欲，有补气提神之功。每年清明时节盛产上市，以海河入海口和秦皇岛出产品质最佳。

节粮度荒的困难时期刚过，私营企业经过几轮改造和公私合营运动，已不复存在，但小摊贩还裹夹在胡同里巷深处苟且生存。我家胡同口邻近大街的苏家，几辈儿人贩卖鲜鱼活虾，补充国营商店供应不足，解一方父老口舌之欲。苏家当时的掌门人在家排行老二，长辈们直呼"苏二"，平辈的年轻人尊称一声"苏二哥"。苏家把着胡同口，临街开门，门前总是有几个大木桶大木盆。每天清晨，我们一帮学生上学路过苏二家，只要看到临近苏家门口大街拐角处停着从北塘口或黄骅、胜芳、白洋淀送河鱼海鱼的汽车，便知道中午回家肯定又有鱼吃了。

我奶奶的娘家几辈久居天津，吃鱼虾乃家常便饭。奶奶有一个哥哥、两个姐姐、一个妹妹，四个姐妹中排行第三。奶奶从小能干，早早就顶家过日子，自是烹调鱼虾的高手。奶奶嫁到我们赵家，自然与苏家往来密切。用现在的话讲，结成吃货联盟。每每苏家进货，先可着胡同扯开嗓子喊一声："三姑，来鱼啦！"

奶奶烧平子鱼，多半要煨刚刚应季上市的蒜薹。平子鱼本无多少腥气，结合上蒜薹的青蒜香，更是鲜美异常，比饭馆殿堂里的天津传统名菜松子平鱼、干烧平鱼、茄汁平鱼、五香平鱼更胜一筹。平鱼无细刺，适合儿童食用。奶奶端上菜，自己舍不得吃，多是拨点蒜薹、撇点菜汤就米饭，便看着我狼吞虎咽，脸上笑开了花。我的味觉里，奶奶的味道，多过妈妈的味道。

鲙鱼，古称鲞鱼，学名鳓鱼。北方人称其为"鲙鱼""快鱼""巨罗"；因其盛产季节正值藤萝花开，故又名藤香。银白色，体形侧扁，每尾重约一千克。《畿辅通志》记载："'巨罗鱼'——名藤香鱼，细鳞多刺，天津出。"每年春末夏初时节，鲙鱼自远海回游到近海产卵，渤海为主要产地。天津海河河口附近的浅海,含盐量低,水温适宜,饵料丰富,是捕捞鲙鱼的重要渔场。鲙鱼与鲥鱼体形近似,同属珍贵食用鱼种,古来美食界就有"南鲥北鲙"之说。清诗人蒋诗在《沽河杂咏》中赞美道:"巨罗网得正春三,煮好藤香酒半酣。巨细况盈三十种,已教鱼味胜江南。"鲙鱼营养价值很高,鲜品中含蛋白质达21%,高于常见的黄花鱼、带鱼、鲤鱼、鲫鱼等;鳞下脂肪层丰厚,含有大量能促进人体健康的不饱和脂肪酸。还有健脾养胃、温中补虚的食疗作用。鲙鱼产量极少,如今,已几不可见。

每每藤萝花开,渔民捕捞鲙鱼出水,怕伤着鳞片,便先用茅头纸包裹,再用碎冰镇住,直接送到定点的客户家中。鲙鱼讲究的是清蒸,净膛净鳃,保留鱼鳞,加脂油丁、冬笋片、木耳、水发冬菇、水发鱼骨、鲜豌豆。更讲究的,还要将鲙鱼细刺剔除而不伤及鱼身。清诗人汪沆进京应博学鸿词科,从浙江钱塘顺运河北上,路过天津城西南运河畔的大盐商查日乾、查为仁父子的私家园林水西庄,应查氏父子盛情,主修《天津县志》《天津府志》。因久居水西庄,食尽津沽美味,特别对鲙鱼情有独钟,感叹其爽心爽口不油腻的清爽美味,赋诗曰:"春网家家荐巨罗,鲥鱼风味可同科。樽前也有渊材叹,纵说藤香恨刺多。"

品质稍差、甩尾的鲙鱼也会进入寻常百姓家。苏二哥便会将大户人家拣剩下的鲙鱼卖与我奶奶这样的常客。我奶奶爱吃鲙鱼,最好一口——一卤盐的鲙鱼。就是将鲜鲙鱼用比细盐粗比大盐细的二盐轻腌,既保持鲜香,又可保存一小段时日。奶奶的天津口音纯粹,将一卤盐,念成"一溜烟",便成了我们儿孙辈的笑话。

伏天的鳎目最肥,体大肉厚,天津人习称"伏鳎目",并有"伏吃鳎目冬吃鲤"之说。鳎目学名半滑舌鳎，属鲽形目、舌鳎科、舌鳎属，俗称"龙脷"。有人据其形，眼睛长在同侧，似互比相争，而呼为"比目鱼"。鳎目是一种暖温性近海大型底层鱼类，以渤海出产质量最佳。半滑舌鳎自然资源量少，以伏天出产最为肥美。鳎目全身只生一根大刺，鳞片细小，出肉率高，口感嫩滑，鱼肉久煮而不老，无腥味和异味，且味道极其鲜美。高蛋白，营养丰富。天津人习惯称三斤以上的为"鳎目"；三斤以下的为"鳎目皮"；半斤以下的为"鳎目尖"或"峰尖"。半滑舌鳎具有海产鱼类在营养上显著的优点，高蛋白、低脂肪，蛋白质容易消化吸收，含有较高的不饱和脂肪酸，鱼体肌肉组织中饱和脂肪酸的相对含量为38.2%，不饱和脂肪酸的相对含量为54.6%，二十二碳六烯酸（DHA）有助于人体脑细胞的生长发育和防止心脏病及多种疾病的发生。

鳎目鱼最常见的吃法是红烧目鱼头、清蒸目鱼段、炸目鱼条、白蹦目鱼丁、油爆目鱼花、侉炖目鱼、煎转目鱼。传说乾隆皇帝南巡东巡，十次途经天津，地方官为了邀宠，多次奏请皇上批准修建行宫，怎奈乾隆帝不准。但皇上驻跸之地也不可随意打发，便选北城门西的万寿宫供皇上歇息。这里，距离当时的商业中心大胡同北大关估衣街很近，最具盛名的餐饮名馆"八大成"都集中在这里。地方官遂指派由八大成的头牌聚庆成饭庄供奉御膳。乾隆最为欣赏的是烧目鱼条，遂召见厨师，封赏五品顶戴花翎，赐黄马褂。穿黄马褂的都是官，穿黄马褂的厨师掌勺烧制的佳肴自是"官烧"。自此，"烧目鱼条"前冠以"官"字而驰名津门，更成为天津菜的代表作。这道传统名菜以比目鱼为主料，去皮去刺，切成4厘米长、1.5厘米宽的长方条，用姜汁、料酒腌渍十分钟，裹鸡蛋与淀粉、盐调和成的喇嘛糊，下七成热油锅炸；葱丝、姜丝、蒜片爆香，配冬笋、黄瓜、木耳为辅料；鱼条金黄悦目，辅料白、绿、黑三色点缀其间。菜品色泽明亮，外酥脆里细嫩，汁包主料，口感咸甜略酸，食客怎不朵颐大嚼！清嘉庆年间，天津诗人樊彬写《津门十令》，其中一首曰："津门好，物产数多般。菜贩大头新出窖，鱼烹比目早登盘。努力劝加餐。"

上面说的是楼堂馆所的做法。我奶奶的家常做法更加符合天津人讲求实惠，待人实诚，菜品硬磕，吃着过瘾、解馋、解气、解恨的特点——五花肉片炖鳎目。猪五花肉切2厘米厚的镰刀片，待用；鳎目横切10厘米宽的鱼条，拍干面粉下油锅煎透；与五花肉片一起，用天津人惯常的熬鱼方法——家熬。天津家熬鱼是天津大姑娘、小媳妇、老太太们的拿手戏。大作料：凉锅凉油下大料瓣，老姜切成一字形姜丝，大葱断成娥眉葱段，大蒜改刀成凤眼蒜片。烹制时，大火烧开，小火慢熬。成菜酥烂，鱼形不散；汤汁浓稠，肉香满锅，鱼鲜四溢；色泽红亮，鱼肉嫩白似豆腐，肉片红白相间似玛瑙。特别是甜面酱和酱豆腐的使用，强化了酱香味儿，镇住了鱼腥肉臊，烘托出肉香鱼鲜，入口咸甜适中，酱味醇厚。五花肉与鳎目鱼的结合，鱼鲜回甘，透出大肉的醇香；五花肉片中透着鱼鲜，肥而不腻，诱人食欲。鱼借肉香，肉借鱼鲜。无论是四合院，还是大杂院，葡萄架下，一张二四十厘米高的饭桌（实际上是炕桌）摆在院中，一家围坐，其乐融融。这样的夏季美食大餐，对于普通老百姓是奢侈的，一年也只此一次。那年头，您有钱儿没地方买去。

面鱼棘头麻口鱼

天津人正月从不吃饼,怕烙饼翻个,带来一年不顺,这可能与天津河海运输跑船的人多有关系。出了正月,从二月二开始,家家烙饼。先是烙饼炒鸡蛋,鸡蛋里放葱花;后是香椿芽绽放,大饼卷鸡蛋炒香椿。最精彩的还是大饼夹面鱼托。面鱼与鸡蛋、盐、葱花或韭黄段搅匀,下油锅摊成饼状。鸡蛋本来就有提鲜的功用,堪比味精,但比味精健康。鸡蛋与面鱼的结合,鸡蛋夹裹着满腹鱼子的面鱼,在热油上摊成的面鱼托,口感松软爽滑,将面鱼的鱼鲜烘托到极致。五六层厚热大饼,夹上面鱼托,清新的麦香混合着油香、鱼鲜香,那叫一个过瘾。再配上一碗绿豆稀饭,便无饥无饱了。

面鱼,别名面条鱼;无鳞,无骨,呈粉白肉色。天津北塘特产。农历二月中上市,只十来天,便骨硬眼坚,口感已逊色许多,价格也会相差几倍。季节性极强。戴愚庵著《沽水旧闻》篇六《乾隆吃面鱼》写乾隆驻跸大沽造船所，避雨渔家，"渔父乃具馔。有面鱼一品，为上生平不识之味，大加称许。翌日天晴，上脱内衬龙袍劳之"。由此可见，面鱼美味之一斑。《天津竹枝词》赞曰："玉钗忽讶落金波，细似银鱼味似鲨；三月中旬应减价，大家摊食面鱼托。"生动形象地描写了津沽民间应时到节家家喜食面鱼的情景。

除鸡蛋面鱼托外，面条鱼炒香椿、软炸面条鱼、清炒面条鱼等，都是天津人吃面鱼的常见吃法。

面鱼落市，棘头登场。梅童鱼，也称梅子鱼、大头鱼，天津人习惯称呼的棘头、小棘头，属鱼纲石首鱼科，鱼鳞细软金黄，鱼肉蒜瓣形，质地软嫩雪白，独刺较软，也有人写成"鲫头鱼"。其实，鲫头鱼是指另外一种鱼。人称小黄鱼为"小鲜"，老子《道德经》里论述大国治理以熬鱼为例"治大国若烹小鲜"。以我看来，棘头才是真正的小鲜。奶奶最喜欢把棘头裹了唰嘛糊软炸，这样能够最大限度地保持鱼肉的完整和味道的鲜美。揭开鱼身外包裹着的面糊，一股鱼鲜扑鼻而来直沁心脾。再看里面的鱼肉，白嫩似乳，吹弹即碎，只得用口吸吮。蘸干面小火丁炸，然后轻蘸花椒盐，又是一番滋味，花椒盐直冲鼻腔，但抢不过鱼肉鲜甜。一般搭配，也是配家常大饼，绿豆稀饭。

其他常见吃法有软炸棘头、干炸棘头、家熬棘头、棘头炸丸子、棘头豆腐汤、酱香棘头、凉拌棘头。

棘头上市时间极短，只一两周。平时，也有"棘头"出售，实为俗称"白眼"的鱼，刷上黄色冒充之，其鱼肉微酸，洗鱼时，一盆黄汤。有冷冻棘头，鲜美程度，与鲜棘头不可同日而语。

仲春时节，麻口鱼上市。麻口鱼，学名"黄鲫"，属鱼纲鳀科，俗称毛口、麻口。天津人习惯称麻口鱼，大概是因其多刺如麻吧。有人误写成"马口""马口鱼"，其实不知"马口鱼"是另外一种鱼类。1992年版《中国烹饪辞典》对马口鱼的归类有详细记载。麻口鱼是海鱼，天津沿海多产，体小，肉薄，多刺，含脂肪较多，味道鲜美。而"马口鱼"是河鱼，鱼纲鲤科；颌两侧边缘各有一个缺口，正好为下颌的突出物所嵌，形似马口，故名"马口鱼"；马口鱼分布于黄河、长江、闽江、珠江，成鱼体长仅10厘米，侧扁，口大，多刺。天津市场几乎见不到马口鱼的踪影。

麻口鱼的常见吃法酥焖麻口鱼、五香麻口鱼、煎烹麻口鱼、椒盐麻口鱼。无论哪种烹饪方法，在鱼体前期处理中，都要在鱼身上打花刀，刀入鱼肉三分之二深。过深，烹制时，鱼肉易碎；过浅，鱼肉中暗含的鱼刺无法炸酥，入口扎舌。炸制时，不能挂喇嘛糊，只能蘸干面粉，方可炸酥炸透。经过油炸的麻口鱼，可直接蘸椒盐吃，即为"椒盐麻口鱼"，是佐酒佳肴。用葱姜蒜爆锅，盐糖调味，料酒、酱油、醋烹制，为"煎烹麻口鱼"。煎烹后的麻口鱼，轻拨鱼肉，即与鱼刺脱离，且鱼肉软面，微酸微甜，鱼鲜醒口，配上油润的小站稻米饭，那叫一个绝。

以上三种鱼，均为野生，且出水即死，至今无法养殖。正因为野生，方显其珍贵。虽为小鱼，天津人不舍不弃，将其烹出别样味道，一饱口福。

晃虾青虾白米虾

"吃鱼吃虾,天津为家。"成为天津人不无自豪的口头禅。

初春时节,冰封未解,人们还在数落着节日的美食。一年中,转瞬即逝的晃虾上市了。

晃虾,学名长臂虾。天津人之所以称其为晃虾,是说它上市时间短暂,只是在春节前后上市,一晃即逝。晃虾也称为"迎春虾"。旧时,渔民为增加收入,每当开春,河口冰封未解,便涉险争先破冰网捕晃虾。《三中食事诗溃记》诗曰:"数来佳节说新正,百里海鲜冰上争。本命小舟轻似叶,青梭白晃供烹调。"天津出产的晃虾,生活在两合水中,味道鲜美、皮薄肉嫩、色泽粉白,犹如"娃娃脸儿",据此,天津百姓又称其为"孩儿面"。晃虾娇嫩,不易保存,因此愈显珍贵。津门所列"冬八珍"中即有晃虾,余者为:银鱼、紫蟹、铁雀(qiǎo)儿、韭黄、黄芽菜、青萝卜、鸭梨。

晃虾上市，天津百姓便纷纷争购。家家户户烙大饼，煮绿豆稀饭，炸晃虾。炸晃虾的要领是将虾枪齐眼部剪除，并剪去虾爪尾尖，洗净控去水分，撒上细盐，拌匀面粉用热油炸至外脆里嫩，用大饼卷上炸晃虾，喝上一碗绿豆稀饭，这就是天津卫常吃的迎春季节菜，每逢春季必食晃虾，代代相传，形成了天津卫独有的食俗。

老天津卫各大饭庄、酒楼也会抢在晃虾上市时，经营烹制以晃虾为主要食材的名菜。代表菜有：炒晃虾仁、两吃晃虾、煎烹虾扁、糟熘虾仁、芙蓉虾仁、翡翠虾仁、高丽虾仁、氽莲蓬虾、氽瓶子虾仁等。炒晃虾仁的特点是脆嫩香甜，清汁无芡，力求本味。制作炒晃虾仁：烹料酒、点醋放姜汁、打花椒油，绝不能放味精高汤之类的调味品，突出晃虾的本味鲜味，这就是天津菜烹制海鲜产品的独到之处。开业于康熙元年（1662）的聚庆成饭庄首创煎烹虾扁，制作精细，最具津沽特色。烹制方法：晃虾剥皮后洗净，用刀切成米粒大小的丁，南荠改刀后同晃虾同拌，用生粉、盐、鸡蛋、姜汁将虾仁、南荠喂好，用微油下虾仁馅，呈圆形，用平勺按扁，煎成两面金黄色，用姜丝、葱丝、蒜片炝勺，烹料酒点醋，放点糖调味，出勺时放花椒油，烹煎虾扁外焦里嫩，味微酸甜，晃虾味窜，原汁原味，这道天津风味传统菜品是老一辈厨师创造的迎春菜。

青虾，学名沼虾。产于淡水江河湖泊等水域。天津青虾，也是以咸淡水混合的浐里出产的为最好，虾身呈青白色，肉质紧实细嫩，以深秋初冬时节上网的最为肥美。天津菜以青虾为食材的名菜较多，爆虾腰、炒虾腰、四喜虾饼、炸虾球、熘虾球、炸面包虾托、烩虾仁、熘虾仁、爆虾仁、氽虾仁、雪衣虾仁、软炸虾仁、炒芙蓉虾仁、氽芙蓉虾仁、氽茉莉虾仁、锅塌虾仁、抓炒虾仁等。

比较典型的炒青虾仁,属"细八大碗"菜品。选大小一致的青虾,以保证下锅后受热一致。成菜后,清汁无芡,青虾呈自然杏黄色,虾肉外微脆,内细嫩,清爽鲜甜,异于其他虾品。或配嫩黄瓜,或配银杏(白果),色彩更加生动,诱人食欲。

炝青虾,是天津地方特有的一种生食青虾的吃法。如此,可以品尝到活虾的本味。调味料是将酱豆腐用料酒、芝麻油澥成糊状,撒入姜末。酱豆腐主咸,芝麻油增香,料酒、姜末提味。口感是虾肉清鲜柔嫩,咸鲜辣香,别有一番风味。

有一道菜名十分风趣的名馔叫"汆虾蘑海"。天津方言中有一句俗语"瞎摸海",是指行事无准则,办事不稳当,无知而乱闯的人。您要是在生活中遇到这样的人,您可要敬而远之,别指望他能给您办成什么事情。天津大厨巧借方言谐音,以青虾仁、水发口蘑、水发海参为主料,使用汆的技法,创制出"汆虾蘑海"名菜。此菜清淡素雅,味道鲜美特别。

白米虾,学名"毛虾",也称小白虾。渤海湾出产量最大。天津人鲜食白米虾的经典吃法是炒韭菜、摊虾米托、白米虾汆白菜汤、鲜白米虾韭菜合子等等。干化的白米虾,即为"虾皮"。老人们说,虾皮的营养价值远远高于鲜白米虾,钙质非常丰富。天津人每天早点中的馄饨,就一定要放虾皮,一为提味增鲜,二为养生补钙。天津人家常蒸素包子,分两种馅:清素、麻酱素。麻酱素,接近春节年三十晚上的素馅饺子。清素,就是白菜、虾皮、馃子、粉条、木耳和鸡蛋。清素包子口感清淡,菜香中平添一点淡淡的海味儿,很受大众欢迎。

对虾皮虾小麻线

清大学士纪晓岚给进士蒋诗的《沽河杂咏》作序中历数天津各种河虾:"不问丁虾与线虾,虹沙对对已堪夸。渔翁陪客新捞得,换与沽西卖酒家。"说明天津近海盛产虾类。天津人爱吃虾,大到18～20厘米长一个的对虾,还是小如线头的麻线虾,无虾不吃,津津乐道,津津有味,且有各自的吃法层出不穷。

小时候,总听老辈人讲,过去沿街贩鱼贩虾的小贩,手托青麻叶白菜叶裹着的大对虾,高呼:"豆瓣绿的大对虾,五分钱一对呀!""文革"时,电影院除了放映《南征北战》《地道战》《地雷战》之外,就是样板戏和领导人访问的政治纪实纪录片。一天,老师说组织同学们看科普纪录片《对虾》,让我们激动了半天。我们由此认识了对虾,也叫作"东方大虾""中国对虾""大虾""明虾"等,还知道了对虾主要分布于中国黄海、渤海和朝鲜西部沿海,中国的辽宁、河北、山东及天津沿海是对虾的重要产地。捕捞季节有春、秋两季，4～6月为春汛，9～10月为秋汛，10月中下旬为旺汛期。春季天津沿海捕捞的对虾品质最佳，所以说，对虾是天津的特产，是我国水产品对外贸易出口的主要商品。那时，我们见不到对虾的踪影，是因为全部出口偿还外债了。我真正见到对虾时，已经是20世纪80年代末了。

小时候，总以为对虾是成双结对生活的。其实，对虾的一生中，雌雄共同生活在一起的时间极短。不知从何年何月开始，北方的鱼贩子们出售对虾时，总是按对计价，如此约定俗成，人们便俗称"对虾"了。对虾刚出水时，皮壳如绿豆瓣呈青白色，所以，天津人还习惯叫"豆瓣绿的大对虾"。

对虾个大体壮，壳薄肉肥，肉质松软，易消化，对身体虚弱以及病后需要调养的人是极好的食物。虾体内很重要的一种物质就时虾青素，虾青素是目前发现的最强的一种抗氧化剂，颜色越深说明虾青素含量越高，还被广泛应用在化妆品、食品添加以及药品中。

在天津民间的常见吃法是卤对虾、烹对虾，特别讲究的用对虾捞面打卤子或包饺子和馅。

最具天津菜特色的是煎烹大虾。对虾剪夫头部虾枪、虾须、囊包，开背挑出沙线，热油煎透。葱姜丝、蒜片下锅爆香，调味后加锅盖烧爆至汤汁浓稠入味，淋入花椒油即成。此菜采用"煎烹"技法，可使大虾与炒锅直接接触受热，虾皮焦脆，虾肉细嫩，并保持大虾的原色、原汁、原味。成品色形美观，咸鲜回甜。

皮虾，皮皮虾，是天津人对"虾蛄"的习惯称呼，也有人称虾蛄为口虾蛄、富贵虾、螳螂虾、濑尿虾。春季产量大，雌虾膏黄足壮，甚为肥美。秋季产量小，雌虾膏黄不足，口感稍差，大饭庄极少供应。这是卫嘴子们海货"青黄不接"时，聊以解馋时才吃的海鲜。最常见吃法是清蒸白灼皮皮虾，蒸熟的皮皮虾遍体紫红，海味清鲜。去壳取肉，可炒鸡蛋，夹大饼吃；也可直接煸炒，打卤捞面；或与鸡蛋搅匀，蒸成蛋羹，或与各种时蔬配炒。剪去须爪，可清炒、辣炒、姜葱炒、椒盐炒、孜然炒等。

小麻线，也称麻线虾、虾虱子。有人说，麻虾线不是虾，是一种浮游生物，在显微镜下观其似虾。灰白色，小得几乎分不出个体，是制作虾酱的原材料。天津人用其蒸食，或与韭菜同炒。海鲜味十足，营养丰富。无论蒸炒，均以夹大饼吃为常见。

黄花铜锣大王鱼

春暖花开，春雷初响。大海螃蟹即将退场，黄花鱼来了。挑挑沿街卖鱼的小贩高门亮嗓叫卖："鲜亮的大黄花嘞。"这就是天津人的福气，卫嘴子的口头福。所谓"当当吃海货，不算不会过"。大海螃蟹、黄花鱼就是"海货"中的上上品。

农历三月清明谷雨前后，黄花鱼由黄海南部北上，洄游到渤海湾觅食、产卵。这时候，海河河口附近，黄花鱼成群结队，形成渔汛。此时的黄花鱼肉嫩味鲜，满腹鱼子，腹部鳞片金黄，鲜亮整齐，每条均在五百克以上。明清以来，河口花鱼就被列为贡品。清末，天津名士周楚良《津门竹枝词》中有："贡府头纲重价留，大沽三月置星邮，白花不似黄花好，鳃下分明莫误求。"就连吃遍天下的乾隆皇帝，站在天津大沽河口，看到黄花鱼出水，渔民网获，也不得不感叹："黄花逐浪白如雪，银丝千斤不值钱。"黄花鱼不但满足了卫嘴子的口福，左近的京油子,也是趋之若鹜,一享美味。清满人铁狮道人富察敦崇在《燕京岁时记》中记载:"京师三月有黄花鱼,即石首鱼。初次到京时,由崇文门监督呈进,否则为私货,虽有挟带而来者,不敢私卖也。"晚清举人徐珂的《清稗类钞》更是详细记载了京城吃黄花鱼的趣事:"黄花鱼亦名花鱼,每岁三月初,自天津运至京师。崇文门税局必先进御,然后市中始得售卖。酒楼得之,居为奇货;居民饫之,视为奇鲜。虽浙江人士在京师者,亦食而甘之。虽已馁而有恶臭,亦必讳而赞之曰'佳',谓今日吃黄花鱼也。"清进士"曲阜三颜"之一的颜光猷作《京都杂咏》其一咏道:"黄花近半压纱厨,才是海鲜入市初。一尾千钱作豪举,家家弹铗餍烹鱼。"黄花鱼之名贵由来已久,可见一斑。

黄花鱼,也称黄鱼、小黄鱼、花鱼、学名"石首鱼",天津人称河口花鱼。黄花鱼好吃,鱼肉无刺,熟时是蒜瓣肉,易碎,加工难度大。天津卫的老太太们,各个都是吃鱼、烹鱼的高手。在家熬黄花鱼时,为保持鱼的原形,不破口、不破肚,而用筷子从鱼嘴中掏出鱼肠、鱼肚,洗净后,与鱼同烧。既不浪费,又使熬鱼别具一番风味。天津家熬黄花鱼,要加肥肉丁、葱段、姜丝、蒜瓣,硬收汁,不挂芡。鱼肉鲜嫩,自然入味,甘鲜回甜。外道的馆子里挂糊勾芡的方法,实不可取。家常吃黄花鱼的另一种经典吃法是用黄花鱼肉做馅包饺子,鲜美无比。

津菜中以黄花鱼为主料的菜品不下五六十种。常见吃法有干炸黄花鱼、干烧黄花鱼、红烧黄花鱼、糟蒸花鱼、干爆黄鱼、松鼠黄鱼、松子黄花鱼、酱汁黄花鱼、软熘黄鱼扇、醋熘黄鱼、拆烩花鱼羹、煎熬花鱼、金毛狮子花鱼、什锦鱼米、清蒸八宝酿馅花鱼、黄花鱼龙凤卷、黄花鱼菊花锅等等。其中,软熘鱼扇和烩花鱼羹最能体现黄花鱼本色本味,也最具津菜特色。

软熘鱼扇,也称"软熘黄鱼扇",是传统津菜代表菜,且大教、清真菜馆均有此菜。其主料是黄花鱼肉片,经烹制后,鱼皮遇热收缩略卷曲,其状如扇贝形,故名之"鱼扇"。成菜色泽浅金黄,鱼扇鲜嫩,口感酸甜微咸。

烩花鱼羹是以黄花鱼为主料的汤羹菜肴。汤羹浓稠,韭味托出鱼肉鲜香,乡土气息浓郁。醒酒,暖胃。

昔年,听好友、天津餐饮界名人马金鹏大师在世时,讲过一段亲历的趣事:同和春有位同行厨师,人称"聋二爷",老伴儿是位吃主儿。二奶奶家解放前开摆渡口,家境富裕,又是独生女,在家受宠,讲究吃喝。一次偶然的机会,在饭馆里认识了聋二爷,两人眉来眼去,日久生情。解放初期,社会风气尚未开化,聋二爷与二奶奶坐火车去北京泰丰楼吃了一顿鱼宴,并在门前合影留念,名曰"旅行结婚"。此举,在当时真成了大新闻。有钱人家闺女嫁给厨师,没有相亲,没有婚宴,不声不响,木已成舟,邻里戏说聋二爷拐了良家妇女。其实,聋二奶奶就是看上了聋二爷做鱼的手艺高超。"文革"时期,市场供应紧张,买鱼买虾要凭副食本,只要鲜鱼鲜虾下来,老街旧邻都主动将副食本借给聋二奶奶。聋二奶奶的一句口头禅是"六十岁改嫁——就图这一口儿"。20世纪80年代,聋二爷年事已高,饭庄经理将他调入冷荤间。聋二奶奶听说老头子受委屈,气势汹汹地找上门来,坐在面案上,质问经理,为聋二爷抜闯。经理忙解释是工作需要,并请聋二奶奶进单间说话,沏茶倒水,问聋二奶奶:"给您老来个炒虾仁?"聋二奶奶说:"牙口不行。""来个熘鱼片?""怕有小刺。""那就给您烧条鲜黄花鱼吧。"聋二奶奶立马接口："那得加肥肉丁、蒜籽，硬收汁，别挂芡儿。"就这样，一条黄花鱼化解了一场争执。

铜锣鱼，即黄姑鱼，肉质坚实，蒜瓣肉，腥味略重。颜色似红铜，黄中泛红，天津人由此而称之为铜锣鱼。可代替黄花鱼，但味道稍逊，天津人称"臭铜锣"。习惯吃法是使用家熬技法，配蒜薹或茼蒿同熬，以遮其腥，也别具一番风味。

天津人习惯将鮸鱼称为大王鱼。外形近似黄花鱼，其色浅白，体型较大，腥味重，鱼肉紧实，口感更差，天津人很少食之。

麦穗毫根黄瓜条

天津既称九河下梢，河港湖汊纵横交错，遍布市区。只南北运河、子牙河、海河等主要河道，就盛产各种淡水鱼类。其中的麦穗鱼、毫根鱼、黄瓜条鱼等小型鱼更是繁多。麦穗鱼，是丽鱼科的一种，体形大小如麦穗，一般不超过10厘米。比之更小的是毫根鱼，纤小滚圆筷子头一根小棍儿，小到无从开膛破肚，刮鳞去鳃。小黄瓜条鱼稍大，体型似鲢鱼，长不及掌。这些小鱼，炸、烹、熬，都是天津卫百姓餐桌上的美味。最典型的吃法，也是被全国人民所熟知的，莫过于贴饽饽熬小鱼。

在百度搜索"贴饽饽"，马上弹出"贴饽饽熬小鱼"。"贴饽饽"与"熬小鱼"本是两个词组，各有定义，现在却成了固定词组。可见，贴饽饽熬小鱼已难舍难分，深入人心。

贴饽饽熬小鱼，是极具天津地方特色的大众风味美食，驰名各地。天津歇后语："贴饽饽熬小鱼——一锅收（熟）"，说明其做法之简捷。

正宗的贴饽饽熬小鱼，用天津运河小麦穗鱼、小毫根鱼、小黄瓜条鱼为主料。鲜活的麦穗小鱼，小黄瓜条鱼去鳞去鳃，小毫根鱼需洗净即可，滚干面，放入烧柴火的大灶铁锅里，用油稍煎；然后用葱、姜、蒜、大料炝锅；下煎好的鱼，烹入面酱、腐乳、醋、糖、盐、酱油、料酒，加清水至漫过鱼。添柴加火，顶至开锅，压柴改小火。将玉米面掺少许黄豆面加水和好，用手拍成一个个长圆形厚饼，顺铁锅内壁四周上方贴好。盖上用高粱秆编的锅盖，大火烧十分钟，改微火煨熟煨透。制成的饽饽色泽金黄，底面焦脆，贴饽饽的下部已浸入鱼汤，鱼味玉米面味相混合，美味独具，堪称一绝。有人讲，鱼出锅前用团粉勾芡、淋香油——此说大错特错。其实，贴饽饽熬小鱼锅内汤汁已将鱼身胶原蛋白析出，汤汁的黏稠度，恰到好处地保持了原汁原味。所谓"团粉勾芡"，纯属画蛇添足。

贴饽饽熬小鱼还有个美名——"佛手糕千眼鱼"。《天津风物传说》记载坊间传说：乾隆年间，天津南运河畔小稍直口一带，有李姓父女以卖茶、卖菜为生。李大爷为人忠厚，来往于京津的行人客商都喜欢在这里饮茶小憩。一天，茶摊上来了位气派不凡的大商人，坐在茶摊喝茶，称赞御河水清澈甘甜，赞美沿途的景色。主客相谈甚欢，不觉到了晌午。这时从屋里走出一位十七八岁的姑娘，粗衣素装，俊俏伶俐；端着盛有金黄色饽饽的盘子，里面盛着二寸来长头尾交错的一盘熬小鱼。那位商人咬一口饽饽，脆香甜美，尝一条小鱼，咸淡可口，鱼鲜味美，便问："此饭何名？"李老汉答："便饭，便饭。"商人笑着说："就叫'佛手糕千眼鱼'吧！"

后来，人们才得知那位商人就是乾隆皇帝。于是，沿河两岸百姓纷纷效仿。贴饽饽熬小鱼，就地取材，做法简捷，成为天津百姓的家常便饭。

现在，您要想吃这一口贴饽饽熬小鱼，到大超市、大集市上买不到。您只能到河边桥头那儿溜达，天津大凡有桥的地方都会见到渔夫在桥栏杆上用大"抬网"逮鱼的景象。天津人称抬网为"扳罾"，子牙河桥的两边常有四五张"抬网"日夜逮鱼，收获颇丰。一根长长的大竹竿，或长长的金属管，一头支在桥上，另一头用左右几根绳子与桥栏杆相连，长杆的头上安装有滑轮，一张大网通过绳子和滑轮与手摇"绞车"相连。这套专用工具也随着时代在改进，金属管代替了竹竿，手摇绞车代替了用手拽。网的底部有一个很深的小兜子，当手摇绞车把网抬出水面时，网被轻摇几下，鱼儿就掉进了小兜子里，再把网放到水里，等待下一轮的抬网。渔夫估计小兜子里的鱼儿够多了，才把网拉到桥上，倒出鱼来。几乎把河里的鱼类都囊括在内了，大大小小的什么鱼儿都有。买"抬网"逮的鱼不论斤，而论盘或盆。渔夫用眼一看就定出了价格，赶上合适的能买个便宜。

麻蛤瑶柱蛤蜊牛

盛夏，午睡的孩子们被树上的知了吵醒，睡眼惺忪，也斜着午后斜阳，大脑一片空白。胡同尽头的叫卖声传来："蛤喇牛儿，一分钱一碟，二分钱三碟呀！"吆喝声扫去了孩子们的睡意，纷纷聚集到鱼贩子苏二哥家门前的大罩棚下。这儿时的记忆，深深刻印在脑海里，永远也抹不去。

天津人管"螺蛳"叫"蛤蜊牛儿"（"蛤蜊"读 gǎ la），是一种时令性的夏季小吃。每逢盛夏，螺蛳大量繁殖，国营合作社不屑于经营此物，只有鱼贩子赶来沿街兜售。大人买来，先放入清水盆里，点几滴香油，待螺蛳将腹中泥沙吐净，然后，逐个螺蛳剪去螺尖，用油和作料烹食。讲究的，可以辣炒。以此佐酒，既经济，又美味。家有地势的鱼贩子，将螺蛳处理干净，大锅炒熟，分装四寸小碟中卖给孩子们围桌即食。往往是，一群嘻嘻闹闹的孩子围坐大长条木桌边，用缝衣针挑出螺肉蘸酱醋吃。

麻蛤,即毛蚶,蚶子的一种。也称麻蚶子、毛蛤喇。天津人习惯称麻蛤。夏季上市,物美价廉。旧时,国营合作社用大汽车运来麻蛤,直接倾倒在马路边上,论铁锨售卖,一毛钱一铁锨。买麻蛤的顾客,端着大号脸盆,遇到相熟的售货员,会给你一铁锨溜溜上尖的麻蛤;关系一般的,售货员会端起铁锨时会左右轻轻抖动,麻蛤分量会大打折扣,甚至会不及熟人的一半。

天津人吃麻蛤,一般煮熟蘸姜醋食之,麻酱醋加芫荽末凉拌也比较普遍。讲究一点的是加鸡蛋摊成饼状的蛋托儿,蛋香、油香,烘托出麻蛤鲜香,即可佐酒,又可夹入大饼中直接入口,配上绿豆稀饭,就更惬意了。天津人吃麻蛤最经典的方法是包饺子,将麻蛤洗净煮熟剁成馅,与切好的韭菜拌匀。韭菜的辛香,将麻蛤的海鲜味烘托到极致。麻蛤馅饺子是天津人的最爱。麻蛤肉烹制时易老,火候掌握需要一定的技巧,所以,一般家庭很少用麻蛤炒菜。馆子里的厨师手艺高,可将麻蛤烹制成各种美味,白灼、辣炒、葱姜炒、氽汤样样精妙。

江瑶柱,扇贝的闭壳肌,加工成干制品即为干贝,是名贵的海产品。江瑶柱有南产、北产之分。北产即渤海湾出产。天津沿海所产为栉孔扇贝,其瑶柱虽小,但质量上佳,为江瑶柱中之珍品。《天津县志》记载:"近海产江瑶柱,土人呼为海刺";汪沆《津门杂事诗》感叹:"眔师未识江瑶柱,绝倒讹将海刺传";蒋诗也曾在《沽河杂咏》中赞叹:"海鲜第一江瑶柱,恰被人呼海刺名。我欲释名先品味,西施乳未较他赢";樊彬《津门十令》记述:"津门好,水族四方稀,蚌小明传瑶柱美,虾多味爱玉环肥,海舌趁潮归";美食大家李渔在《闲情偶记》

中不无遗憾地写到:"海错之至美,人所艳羡而不得食者,为西施舌、江瑶柱二种。"

江瑶柱鲜食细嫩可口,易于消化吸收。天津传统名菜中有:油爆鲜贝、油爆蟹黄干贝、芙蓉鲜贝、糟熘鲜贝、烧鲜贝冬笋、烩口蘑鲜贝、白扒鲜贝猴头菇、海三鲜汤、五彩瑶柱丝等。

很多海货鲜吃为佳,要不,怎么称之为海鲜呢。而江瑶柱干品最好,醇香味厚,营养价值较高。干贝以颗粒圆满,大小适中,色泽鲜黄有光泽为上品。古书有云:"干贝俊美,无物可与伦比,食后三日,犹觉鸡虾无味。"烹制前,先要胀发。方法步骤是:干贝去筋(老根),洗净;在温水中浸泡一小时,捞入碗中,加葱段、姜块、料酒、鸡汤;上屉蒸四十分钟即成。天津传统菜中的干贝做法很多,除黄焖、红烧、清炖外,比较有名的菜品有:金糕干贝、生吃干贝、鲜炒干贝、菊花干贝、氽茉莉鸡茸干贝球等。津菜名馔"干贝四丝",是将烧好的干贝与天津风味名菜"烧三丝"合璧,点石成金,成菜色泽、造型、口味更上层楼,成为高级宴席中的名菜。芙蓉干贝(也称雪花干贝)、桂花干贝,以花卉名点出菜品特色。芙蓉干贝一片雪白,似芙蓉堆雪,清香爽口;桂花干贝橙黄一片,似丹桂堆金,甘腻滑润。

女儿粉舌西施乳

现在的年轻人,很少有知道"津门海味三绝"的了。你要讲,过去的老天津卫,春吃河豚为寻常物,他会以为你是痴人说梦。老年间,女儿蛏、西施乳、江瑶柱并列为津门海味三绝,是天津味儿中的极品。

蛏,属软体动物门竹蛏科动物,是我国四大经济贝类之一。天津近海产蛏,壳薄,约二寸,长圆形,为蛏中极品。因个体小,味道鲜美,而得名"女儿蛏"。又因其肉嫩软滑,而被称为"西施舌"。久居天津水西庄的清诗人汪沆《津门杂事诗》写道:"青鲫白虾兊馔好,登盘须逊女儿蛏。"道明在鱼虾不离口的天津人眼里,女儿蛏是更胜一筹的美味真品。清桐城名士杨映旭也曾感叹:"朝来饱唊西施舌,不负津门鼓棹来。"大美食家李渔的《闲情偶寄》形象地描述品尝女儿蛏的感受:"白而洁,光而滑,入口呷之,俨然美好之舌,但少朱唇皓齿牵制其根,使之不留而即下耳。"

天津菜中，以女儿蛏为主料的名菜很多，主要有：芫爆蛏子、姜汁蛏子、锅塌蛏子、生吃蛏子、炝蛏子等。无论热炒，还是凉拌，均可入馔。热炒时，要使用热油急火，快速爆炒，以保证女儿蛏本身的鲜美味道。以"油爆鲜蛏"为例：将加工好的女儿蛏切成丁，挂鸡蛋清淀粉糊，温油划开；蒜米炝勺，下主料、烹料酒、姜汁及少许牛奶；勾芡，淋明油出勺。成菜色泽雪白，蒜香烘托女儿蛏鲜美异常。凉拌时，开水只可焯至八九成熟即可。如"凉拌西施舌"：将女儿蛏切成细条，炒熟，用调料浸渍；秋黄瓜，或韭黄、菜花，用花椒油炝拌，鲜美爽口，色味俱佳。汤品中的"醋椒鲜蛏"，醒酒开胃，最宜酒后饭前慢品。

西施乳，即为河豚的精巢，俗称"鱼白"。河豚体内含有毒性很强的生物碱，可致人死命。掌握了解毒要领，除鱼血、鱼脾外，全身几乎各有独特美味，其中以其鱼白为最。河豚鱼共有四十余种。当年，天津近海盛产河豚鱼。《天津县志》记载："河豚有毒，其白为西施乳，三月间出，味为海错之冠。"清天津诗人樊彬作《津门十令》曰："津门好，时物细评论，嫩拌香椿尝海蟹，凉在苦荬食河豚，春晚佐芳樽。"并注："三月半海蟹最肥，河豚也与香椿登盘，河豚白尤美，即西施乳。"苏轼对河豚也有诗作："竹外桃花三两枝，春江水暖鸭先知。蒌蒿满地芦芽短，正是河豚欲上时。"并感叹道："不吃河豚，焉知鱼味；吃了河豚，百鲜无味。"苏诗引得历代众多诗人品河豚嗜鱼白西施乳。清河北庆云诗人崔旭，居津四十余年，作《津门百咏》，其中咏河豚诗："清明上冢到津门，野苴堆盘酒满樽。值得东坡甘一死，大家拼命吃河豚。"并注："俗云，清明河豚上坟。苴马菜解河豚毒，必以佐食。东坡食河豚曰'值得一死'。谚云'拼命吃河豚'。"清诗人周芝良作《津门竹枝词》："岂有河豚能毒人，蒌蒿蓬萝佐侍珍。值那一死西施乳，当日坡仙要殉身。"蒋诗也曾在《沽河杂咏》中"附会"云："磨刀霍霍切河豚，中有西施乳可存。此味更无他处有，春鱼只合数津门。"清代大学士纪晓岚也对天津河豚情有独钟，在《阅微草堂笔记》卷十四《槐西杂志四》中记载一则小笑话："河豚惟天津至多，土人食之，如园蔬，然亦恒有死者，不必家家皆善烹治也。姨丈惕园牛公言，有一人嗜河豚，卒中毒死，死后见梦于妻子曰：祀我何以无河豚耶？此真死而无悔也。"可见，当时的天津人也痴迷吃河豚。

好一个西施乳，如此美味，如何料理？天津传统名菜中不乏清蒸、白烩、软熘等烹制方法，但最有特色的是色、香、味、形、名俱佳的"胭脂西施乳"，即"独鱼白"。主料是河豚鱼白，副料是青果、苦菜（天津俗称"屈屈菜"）。将鱼白洗净，蘸精盐、白矾末，以手轻轻搓抓，除去黏性，洗净，剪去连结鱼白之间的血线，用凉水浸泡；青果一剖两半，去核，片成片；苦菜去根洗净切寸段，一部分与芝麻酱、芝麻油、白糖拌匀盛盘，另一部分与芝麻酱、酱油、甜面酱、醋拌好装盆。鱼白盛碗，加料酒、葱段、姜片、大料，上屉蒸熟，旺火坐勺，打鸡油，将大料炸香，炝葱丝、姜丝、蒜片，烹料酒、酱油，打高汤，加白糖，放糖色，下鱼白、青果，大火烧开，小火熯汤收汁，勾芡，淋花椒油，出勺，上盘。随带两个苦菜碟上桌佐餐。鱼白色泽通红似胭脂，质地肥腻细嫩，口感独异，清香扑鼻，风味独特。

张显明老先生提供资料说，天津名诗人梅宝璐给友人写信，内有"寻乐壶洞，上清河楼。竹叶斟春，梨花酿雪。痛舔西子舌，快吮杨妃乳"之句。乐壶洞与清和楼，均为天津名菜馆；西子舌，即为女儿蛏；杨妃乳，就是河豚鱼白；可见。西施乳，也称为"杨妃乳"。

现如今，女儿蛏子、西施乳已经绝迹，只得以外产代替。幸而烹饪技法还在，名馔仍为津味。

河蟹海蟹海里虹

清嘉庆进士蒋诗在天津写《沽河杂咏》,其一咏道:"津门三月便持螯,海蟹堆盘兴尽豪。转瞬又看秋稻熟,重阳时节好题糕。"说的就是天津农历三月盛产海蟹,九月河蟹上市。《天津卫志》记载:"蟹,秋间肥美天下。""又,三月食海蟹。"《卫志》卷二记载津门谚语称:"天津螃蟹,镇江酒,味美而多也。"

天津渤海湾畔,因黄河五次决口三次于此,而倾泻大量淡水,海水咸淡适中,所以,左近水产较之渤海其他海域水产甘美。同为渤海湾出产的梭子蟹,天津塘沽、汉沽近海的肉质细腻鲜甜,无海腥气。每年4－5月,满子的梭子蟹便成群结队,由越冬场洄游,在水温回暖的浅海区繁衍后代。其时,个个海蟹体壮肥大,蟹黄胀满,甚至结成"双盖",一片赤黄。天津人习惯将八两以上的海蟹称为"大黄",八两以下三四两以上的海蟹称为"二黄",再小的就是"驹子"了。每当其时,每天早上天露曙色，海下（现津南区葛沽一带）的鱼贩子和塘沽汉沽的渔民，身背小麻袋，里面装着用海水煮熟的海蟹，走街串巷，只吆喝一声："大黄——啊。"人们便纷纷趋前争购。挑着鱼篓蒲包卖海蟹的，往往是鲜海蟹。我家要买鲜海蟹，一般都是到胡同尽头大街口的苏二哥家。他家门脸前大木桶里，一层冰，一层海蟹，行话叫"冰鲜"。不像现在，大水盆里打着氧气，卖活海蟹。人们以为活海蟹爬瘦了不肥，带着水，也压分量。

天津人吃海蟹，很有紧迫感。市面上流行一句话叫"当当吃海货，不算不会过"，正反映了这一点。清天津诗人樊彬作《津门小令》称颂："津门好，时物细评论，嫩拌香椿尝海蟹。"第一声春雷响过，惊蛰时节到来，海蟹开始甩子。天津人习惯称甩子的海蟹为"老虎"。每到这时，苏二哥家来海蟹了，奶奶就会在院子里喊一声："拿大脸盆，去买老虎去（后面的"去"读 qia 声）。"买来海蟹，奶奶会用大盆将海蟹子冲刷下来，然后投洗干净，晾晒干，留待冬天吃。蟹子炝腐竹、蟹子炝芹菜、蟹子咕嘟豆腐、蟹子蒸鸡蛋羹、蟹子熬大白菜，都是天津卫的家常便饭。

已故天津文史馆馆员、天津掌故大家王翁如先生在《谈天津的食俗与民风》中说："海螃蟹从前只吃圆脐的，仿佛没有尖脐。"圆脐为母雌海蟹，尖脐（也称"长脐"）为雄海蟹。过去，确实很少吃尖脐海蟹。要吃，也要吃一斤左右的，人们称"大磕子"或"大磕"。小一点的为"二磕"。雄性小海蟹驹子没人要，或只能熬汤喝。近些年，人们吃长脐海蟹了。初夏至深秋，长脐海蟹肉肥鲜甜，或清蒸，或姜葱炒，一咬一口肉，吃着也蛮过瘾。

吃海蟹，最普遍的食法是清蒸，蘸姜米甜醋。点香油，放酱油，皆不可取，那样会夺了蟹味。馆子里的做法较多，烩蟹肉、熘蟹黄、拌蟹肉、炒海蟹、海蟹羹、麻辣全蟹、姜汁大蟹、蟹肉丸子等等。我个人独喜用熟蟹黄蟹肉裹鸡蛋清炒。鸡蛋赛味精，本身具有提鲜的作用，可以将蟹味提到极致。夹热大饼吃，是一个不错的选择。特别是，与韭菜、五花肉馅、木耳包三鲜馅饺子，实为人间第一美味。

"大黄"过后，"大碴"未上市之时，有一种脐口似圆非圆、似尖非尖，近似桃形的海蟹，外形与梭子蟹无异，人称"花脐"海蟹。蟹肉海腥味稍重，蟹黄似糖稀，蒸熟后不能成形，吃口远逊于"大黄""大碴"，在没有"大黄""大碴"的日子里，只是解解馋而已。

夏季来临，一种两头无尖，形似江蟹的海蟹上市，天津人称之为"海虹""海里虹"。无黄，但蟹肉甜美。特别是，两只大螯里充满蟹肉，清蒸蘸姜米甜醋食之，齿颊生香。是人们怀念大海螃蟹（此"蟹"字读kai音）的不二之选。

最让天津人难舍难忘的还是河蟹。天津人吃河蟹讲究"七尖八团"的肥美，所谓"七尖"是指农历七月里的尖脐雄蟹，"八团"是指中秋节前后的团（圆）脐雌蟹。前清和民国时期，天津西、南郊区都有大量的沼泽地，南郊有大片的水稻田，适宜河蟹繁殖生长。每逢此时，卫嘴子们动员起来，下蟹篓，拉河网，下捯子。何为"捯子"？就是一种专门捕蟹的工具，专门的网绳上，安装有很多诱饵，引诱河蟹顺绳上爬。在天津北运河最南端，有一面粉厂，因其倾泻的废水营养价值高，周围生长的河蟹，异于别处。在此捕蟹，只能用捯子。能被捯子拉上来的河蟹，都是个大体壮、最为肥美的河蟹，个体均在半斤左右，被天津人称为"河捯子",是河蟹中最为名贵的品种,价格不菲。

现在,天津河蟹的主产地是宁河县的七里海地区。此地一片泽国,芦苇丛生,且连通潮白河,蓟运河。这一地区的河蟹,在潮白河入海口繁殖,稍长,即溯流进入七里海,以芦苇根茎和小鱼小虾为食,个大体健,膏满黄肥,蟹肉细甜。十年前,曾随一当地的朋友,深入七里海中心,在一小片陆地上,架柴火烤食螃蟹。无论尖团,个个半斤以上,经柴火炙烤,蟹盖与脐口处胀裂呲开,膏黄几近溢出。打开蟹盖,内里软盖完整,稍一用力,便与外层硬盖脱开。圆脐蟹黄饱满完整,软硬适中,香气扑鼻,入口直冲头顶;长脐蟹油似一团白膏,清香异常,入口直入七窍,且膏团腻口,粘住齿颊,终生难忘。不知江南大闸蟹,可有此味乎?

河蟹为百味之王,素有"一蟹压百味"之赞美。天津菜中以河蟹为食材的名馔众多。河蟹的第一步足开合如钳似夹,故称"蟹钳",又被天津人称为"大夹"。其外皮虽然坚硬,而内里的肉质却粉白细嫩,鲜美异常。名家诗赞:"螃蟹脐分团与尖,清烹最美是双钳。"以此烹制的菜品就有:烹大夹、炒大夹、烧大夹、炝大夹、烩大夹、清蒸大夹和津沽传统风味汤菜"籴大夹麻花"。其他做法也是层出不穷。烹蟹腿、混炒蟹肉、清炒全蟹、生炒全蟹、炸蟹盖、清蒸蟹黄、熘蟹黄、雪衣蟹黄、雪衣蟹油、炸熘蟹油、清蒸蟹油、散花蟹黄、宁河醉蟹、炒蟹油、奶汁扒蟹油等等。"河蟹汤面"还被宁河县列为非物质文化遗产予以保留。

河蟹生长过程中,需要蜕皮壳数次。一般是在农历六月间完成最后一次蜕皮,新壳软薄如纸,天津人俗称"油盖"。此时的小河蟹尚不具备自我保护和觅食的能力,于是它们就在体内储备了丰富的营养,提前挖好洞穴栖身藏匿。油盖螃蟹外观半透明淡青色,体内十分洁净,鲜美异常,心急尝鲜的人在此时掏蟹窝取"油盖"。以此美味烹制的天津名菜更胜全蟹菜品,如雪衣油盖、蛋糕油盖、熘油盖、炸油盖等等。

最具天津民间特色的油盖烧菜是"油盖茄子"。先将茄子去柄去皮,切成薄皮,用油煸炒至老黄色;蒜末爆香,烹料酒、酱油;油盖另锅煸炒,烹调料汤汁,溜在茄子上,撒蒜末、姜末即成。茄子软烂不糜,油盖鲜香四溢,茄子独有的香气与油盖鲜味复合,味美饴厚,余香绵绵。与油润稻香的稻米干饭相配,更是绝顶美味。

银鱼紫蟹铁雀儿

1940年代，戴愚庵著《沽水旧闻》将银鱼、紫蟹、铁雀和韭黄，列为天津冬令四珍。《津门杂记》食品篇记述津沽特产："冬令则铁雀、银鱼驰名远近。"清诗人唐尊恒的《铁雀银鱼诗》颂曰："树上弹来多铁雀，冰中钓出是银鱼。佳肴都在封河后，闻说他乡总不如。"描述最为贴切的是清朝天津诗人樊彬的《津门小令》中赞道："津门好，美味数初冬，雪落林巢罗铁雀，冰敲河岸网银鱼，火拥兽炉余。"形象地描写了铁雀和银鱼的美味。现如今，曾经的天津美味，韭黄还有，且广泛种植；铁雀还偶尔得见；银鱼已是百年无踪；紫蟹也已消失半个多世纪。

天津银鱼，学名"安氏新银鱼"，渤海湾特产。与太湖银鱼不是一个品种。每年秋末初冬时节，在近海岸边咸水中生长至七寸多长，二两余重，鲜肥满子的银鱼，成群结队逆流进入海河产卵。上溯至海河尽头的三岔河口时，已是薄冰初复，也正是渔民收获之时。津门老人传说，此时的银鱼，通体无鳞，蜡白如玉，肉嫩刺软，腹内纯净不见脏腑，眼圈为金色，最为珍贵。出售时，雌雄配对，用青麻叶白菜叶衬托，白绿分明，且有一股黄瓜的清香。《天津新县志》卷十六记载："鱼类多常品，惟银鱼特产，严冬冰沍，游集于三岔河口，伐冰施网而得之，莹清澈骨，其味清鲜，非他方产者所能比。"天津卫老俗话称："两条银鱼一锅汤，一家汆银鱼，百家闻着香。"久居天津的清河北庆云诗人崔旭在《津门百咏》中赞颂："一湾卫水好家居，出网冰鲜玉不如。正是雪寒霜冻后，晶盘新味荐银鱼。"清诗人周楚良的《津门竹枝词》也有"银鱼绍酒纳于觞，味似黄瓜趁做汤。玉眼何如金眼贵，海河不如卫河强"的赞美诗句。银鱼古称"脍残鱼"，相传是残羹入水化成。早在明朝中叶，朝廷就在天津设置"银鱼场太监"，专门督办"卫河银鱼"进贡紫禁城。清末，直隶总督府曾设"银鱼税"，可见银鱼之名贵。

天津菜中，以银鱼为食材的名馔有：白汁银鱼、高丽银鱼、朱砂银鱼、翠衣裹银等。

《美食与美酒》资深编辑刘咏梅来天津采访，在下做采访向导，在天津食品街的天津菜馆，见到了紫蟹。天津菜馆总经理、烹饪大师张泽鹏介绍说：这是江南紫蟹，春节后进的货。这是我第一次见到紫蟹，憾非津门美味。《天津卫志》记载："津门蟹，肥美甲天下。"天津紫蟹是天津河蟹中的珍品，同属中华绒螯蟹，其形近似，大者如银元，小者如铜钱。春夏季孵化的蟹苗，在洼淀的蒲草、芦苇丛中和沟渠、稻田中生长。经秋季食虫鱼，至初冬可长至银元大小。因全身呈青褐色，蟹壳布满紫色釉斑而得名。又因其喜蛰居窝中，往往被捕蟹者掏窝相互纠缠而出，而被称为"掐窝紫蟹"。樊彬《津门小令》云："津门好，生计异芳薪，两岸寒沙掐蟹池。"崔旭《津门百咏》诗云："春秋贩卖至京都，紫蟹团脐出直沽。辇下诸公题咏偏，持螯风味忆江湖。"见证天津紫蟹与天津银鱼同为时令贡品。清道光甲辰进士边浴礼赞紫蟹诗云："丹蟹小于钱，霜螯大曲拳；捕从洼淀水，载付卫河船。官阁疏灯夕，残冬小雪天。盏簪谋一醉，此物最肥鲜。"

紫蟹富含钙、磷、铁，脂肪和碳水化合物最为丰富。清蒸紫蟹、炸熘紫蟹、酸沙紫蟹、碎熘紫蟹、七星紫蟹、金钱紫蟹、华阳紫蟹、酿馅紫蟹夹等均为天津卫的经典菜品，在满汉全席、冬令燕翅席中也占有不可替代的位置，每每为压轴大菜。老天津人形象概括其为"一菜压百味"。

铁雀（天津人将"雀"字读 qiao.er 音），形似麻雀、家雀、瓦雀，体态较小，头有三道花纹，腿黑色，羽毛为暗褐色，有不大清晰的斑驳花纹。喜在郊外觅食草籽谷粒，肉脯异常肥腴，肉嫩鲜美，有补肾生精之效。秋末冬初，自长城以北飞来。故有《津门竹枝词》中记述的"盘山冰雪高三尺，铁脚飞飞始展翎"之说。也有天津老辈人说，铁雀，就是麻雀。因发育成熟的麻雀，捉回来很难养活。养在笼里不吃不喝，最后撞笼而死，故称其"铁雀"，是比喻其"无自由毋宁死"的钢铁意志。这个诙谐的解释，只可聊备一说吧。

天津人爱吃铁雀，采用卤、炸、酱、熏、熘等方法烹调，烹制三四十种菜肴。如：酿铁雀、炸铁雀、熘雀脯、炒雀脯、炸铃铛、雀渣、炸熘飞禽、干炸飞禽、煸炒飞禽等，其中的炸熘软硬飞禽，即为其代表。做法是：铁雀为主料，取铁雀的头和脯，用炸熘的技法烹制而成，因雀头酥脆，雀脯软嫩，而得名。将雀头雀脯分离，雀头去嘴，雀脯上浆。雀头炸脆，雀脯滑熟；雀头酥脆，雀脯软嫩，酸、甜、咸、鲜、香，是满汉全席中的一道名菜。与高丽银鱼、酸炒紫蟹、麻栗野鸭等联袂成为天津冬令"细八大碗"中的核心菜肴。

富甲一方的天津大盐商查日乾、查为仁父子的水西庄，"寻园林之乐，作歌舞之欢，以诗酒为佳兴"。查家宴客所设筵席中，即有紫蟹宴、银鱼宴、铁雀宴。而三珍同烹于一炉的大菜，莫过于"什锦锅子"。每至隆冬，天津的宴席，无论家宴小聚，还是名号大馆的燕翅席、全羊席，甚至满汉全席，均离不开取悦食客，压轴大戏的什锦锅子。此菜因食材丰富而得名，配料变化多端，根据食客个人喜好，可随意添加。这种什锦锅子，工艺要求甚高，主副料要全，刀工十分严格，攒锅排码有讲究，色彩造型讲求美感。一般的垫底食材均取天津特有的黄芽白菜，二层放氽丸子，三层是龙口粉丝，四层为炸山药，五层炸豆腐七层炸面筋；然后是炸鱼条、炸虾扁、红肉、白肉、熟大肠片、海参块、鱼肚块、鱼骨片、玉兰片、菠菜段等码放在周边。其中最最画龙点睛，提升档次，必不可少的是"天津四珍"中的银鱼、紫蟹、铁雀。二十多种天上飞的地下跑的水里游的土里种的，经过复杂的细加工后再码放入锅，菜肴丰盛满盈，汤汁鲜美无比。此锅必是压轴登场，给家庭宴席或饭庄大席画上完美的句号，往往给食客留下深刻印象，成为津门久负盛名的极品佳肴。

顺拐秋刀噘嘴鲢

深秋时节北风起。家家要吃"肥鲤鱼"。鲤鱼，隶属于鲤科，是淡水鱼类中品种最多、分布最广、养殖历史最悠久、产量最高者之一。天津蓟县的州河鲤鱼是进奉朝廷的贡品，被称为"御膳鲤"。天津人喜食鲤鱼，俗称鲤鱼为"拐子"，又分为"顺拐子""花拐""拐尖""蹦拐"。鲤鱼的蛋白质含量高，且有秋食冬储的习惯。以入冬时节食之最为鲜美，有"伏吃鳋目冬吃鲤"之说。天寒岁末，年关将至，这时的鲤鱼最肥美，吃鲤鱼，也寄托"鲤鱼跳龙门"之美意。名铺大馆，纷纷推出，脱骨鲤鱼、酸沙鲤鱼、佘鲤鱼、转鲤鱼、熘鲤鱼、五柳鱼、麻花鱼、番茄鲤鱼、香糟鲤鱼、白蘸鲤鱼、白汁鲤鱼、金毛狮子鱼等等，以飨食客。家常做法的一鱼两吃、红烧、干烧、家熬，样样好吃。吃鲤鱼，最具天津特色的还是罾蹦鲤鱼。

庚子年间，八国联军侵占天津，纵兵行抢。一群流氓地痞趁火打劫后，来至天津老城北门外大街上的二荤馆"天一坊"，耀武扬威，大呼小叫，杯盘罗列，大吃大喝。不一会儿，酒过三巡，菜过五味，酒量稍浅的，已是口软舌短，鼻眼歪斜。一地痞离座，踉踉跄跄抓住跑堂续茶叫菜，误将"青虾炸蹦两吃"呼为"罾蹦鱼"。小跑堂回禀，菜牌上没有此菜。地痞感觉拂了颜面，恼羞成怒，举手便打，欲大闹饭堂。老"堂头"（服务员领班）赶紧跑来解围，大声劝说："小力巴新来，狗屁不识，您多见谅。罾蹦鱼一会儿就上。"转身让小伙计通告灶上，借机将小伙计支走。灶上大师傅听说做罾蹦鱼，一头雾水。老堂头手拎一条一尺半长的活鲤鱼进来，嘱咐小学徒："宰杀去脏留鳞。"然后，与头火大师傅商量："沸油速炸，要全尾乍鳞，外酥里嫩，捞出盛盘。再备糖醋浓汁，要大酸大甜。"油炸鲤鱼放到地痞面前，乍鳞摆尾，造型美观；糖醋汁浇上，"吱吱"作响。真个是：头扬尾巴翘，浇汁吱吱叫。鱼形如同在渔网中挣扎蹦跃。鱼肉脆嫩鲜美，鱼鳞鱼皮大酸大甜，鱼香，作料香，香气扑鼻。视觉、听觉、嗅觉、味觉毕现，遂使食趣大增。

天津诗人陆辛农食罢此鱼，拍案叫绝，随即赋诗云："北箔南罟百世渔，东西淀说海神居。名传第一白洋鲤，烹做津沽罾蹦鱼。"从此诞生了一款天津独有的名菜——罾蹦鲤鱼。

其实，当初的罾蹦鲤鱼使用的未必是白洋淀的鲤鱼，不知道陆辛农先生是如何考证出来的。天津海河的鲤鱼，鳞片泛金色，俗称"金鳞拐子"，比白洋淀的鲤鱼受吃得多。

天津河鲜中，另一美味，就是刀鱼。一说到刀鱼，人们往往想起与河豚、鲥鱼、鮰鱼并称为中国长江四鲜之一的刀鱼。长江刀鱼每当春季，刀鱼成群溯江而上，形成鱼汛。而天津刀鱼分为两种。渤海湾的刀鱼在春夏之交到海河口产卵，这时的刀鱼身体最壮，每条都在半斤左右，人称"海刀"或"春刀鱼"。而每逢秋染大地之时，刀鱼从渤海湾洄游，顺河海、蓟运河、北运河至三岔河口，称为"河刀"，也称"秋刀鱼"。秋刀鱼远胜海刀鱼。清诗人周楚良说："刀鱼如船上纤板，以入河口淡水网获得……无海腥味，为最鲜肥。"当年，运河尚未裁弯取直，河流曲折回环，非常适宜鱼类越冬。三岔河口一带最为盛产，俗称"河口刀"。北运河的刀鱼最为肥美，体长盈尺，体宽近成人四指并拢，似纤夫拉纤垫在胸前的纤板，因此得名"纤板刀鱼"。秋刀鱼银白色，肉质细嫩，肥而不腻，兼有微香，但多细毛状骨刺，适于煎烹。

　　天津秋刀鱼的经典做法是用精巧的刀工将鱼背的大刺挑出，再在鱼身上用悬刀技法切下密密的斜刀，以便刀鱼更加入味，蘸面粉，热油煎透，呈金黄色，葱、姜、蒜、盐、糖、料酒、酱油、醋烹制。热鱼饱吸作料，微酸微甜，鱼肉鲜香。天津人的标准吃法是：家常饼夹剥去主刺的刀鱼肉，配上香油疙头丝（"疙瘩头"，天津人简称"疙头"，且将"疙"读成 ga 音）、醋熘土豆片、六瓣红生蒜，绿豆稀饭收底，再佐上二两直沽高粱酒，就更是十全十美。

　　噘嘴鲢子，学名"红鳍鲌"，鲤科。因下颌向上翘，口裂和身体纵轴几乎垂直，头后背部显著隆起而被津门吃主儿形象称为"噘嘴鲢子"。天津运河中的噘嘴鲢子，体重均在一斤以上，体大者，可达二斤多重。体形延长优美，细小白色薄鳞覆盖。肉质细腻软嫩，多细刺，含脂肪量高。噘嘴鲢子只有野生，没有人工饲养，并且产量较低，较鲤鱼、鲫鱼贵重。

　　2005 年，家慈罹患小脑萎缩，记忆力大减，遇家人，几不可认。我带老人家到津郊渔家院吃大灶家熬鱼。当渔家院老板娘端上家熬噘嘴鲢子鱼时,老人家竟然说出鱼名,还将烹制方法,说得一清二楚。且连连自语:"二三十年没有吃过噘嘴鲢子啦,还是老味儿。"

天津人吃噘嘴鲢子的经典吃法是用大灶锅烧柴禾家熬,煨水疙头、黄豆,达到鱼鲜、菜香、豆酥的美食境界。

天鹅地䴘野麻鸭

老天津人对"天鹅地䴘"有一种天然的"崇敬之情",以为能吃到天鹅地䴘,将是人生一大幸事,不枉此生。平时常常挂在嘴边的口头语是:"天鹅地䴘十八斤""能吃天鹅地䴘一口,胜过家雀儿一筐""宁吃飞禽四两,不吃走兽半斤(此"半斤"为八两)",可见天鹅在人们心中的地位。天津卫饮食行业也有一句流行语:"天鹅地䴘雁鸽鸠,野鸭铁雀烹炸熘。"

什么是天鹅地䴘?其实,这是两种不同的飞禽。

天鹅,属鸟纲雁形目鸭科动物,现为国家二类保护动物。过去属烹饪原料,古代有名馔"天鹅炙",列为八珍之一。中医认为其肉味甘,性平,腌炙食之益人气力,利脏腑。其实,天鹅肉质粗韧,味不及大雁或野鸭。

地䴘,也称"䴘",属鸟纲鹤形目䴘科动物,现为国家三类保护动物。烹饪原料。肉虽较粗,但异常香美,为野味上品。中医认为其肉味甘，性平，可补益人，并祛风痹气。

大概是天鹅地鵏寻常难得一见，食材难求，所以愈发珍贵。真正属于天津百姓餐桌上的常客是野鸭。

早年，天津地区河湖港汊星罗棋布，水面辽阔，沃野一望无际，野鸭数量多，栖息时间长。每逢冬末春初，野鸭肥大质好，肉味香鲜，是大量捕获的季节。这时，天津各大餐馆和街头游商，便会大量出售烹制好的野鸭。特别是，人称"鸭子王"的小贩，凭传代老汤和秘不外宣的配料，卤煮野鸭味道极佳，是民国时期的天津名吃。清末名士周楚良的《津门竹枝词》写道："野鸭生长淀河唇，排铃群轰落水滨。香味寻常是卤煮，何须玛瑙说时珍。"

野鸭，又称水鸭、山鸭，古称凫。属鸟纲雁形目鸭科。体型较家鸭为小，趾间有蹼，善游水，以鱼虾、螺蛳、蛤蚌为食。野鸭是一种迁徙性候鸟。一般是春夏在北方繁殖，秋冬在南方越冬。因其长期飞翔浮游，运动量充足，故肉质紧实，含脂肪较少，蛋白质丰富，肉味香美，胜过家鸭，为野味上品。中医认为，野鸭味甘性凉，入脾、胃、肺、肾经。具有补中益气，消食和胃，利水解毒之功效。可主治病后虚羸，食欲不振，水气浮肿等症。《医林纂要》解释，野鸭"补心养阴，行水去热，清补心肺"。

天津因地理环境因素，野鸭停留时间较长。天津常见的野鸭品种和天津人习惯称呼为："巴儿鸭"，学名绿翅鸭，常以农作物为食，体型小，肉质细嫩，"野味"足，最受厨师欢迎；"红腿"，学名绿头鸭，体型大，肉质稍逊于巴儿鸭；"尖尾（"尾"读以 yǐ 音）儿"，学名镰刀鸭，以水生植物和杂草种子为食，肉质逊于前两种；"孤丁""鱼鸭"两种，因以鱼虾为食，肉腥质差，厨师最不喜用。烹制野鸭，关键有三：一是烫皮拔毛时要注意保持鸭身的完整,并认真清除含有异味的尾脂腺;二是多用葱、姜、蒜、料酒、白糖、花椒面,盖压水腥气,并会发野鸭特有的芳香;三是适量加水,注意调节火候,务求鸭肉酥烂爽口,易于脱骨剔刺。

天津厨师以野鸭为食材,可烹制:扒野鸭、红扒野鸭、清蒸野鸭、扒酱肉野鸭、软炸野鸭条、黄焖野鸭条、锅塌野鸭片里脊、干炸野鸭块、炒野鸭片、炒野鸭丝等。其中,最具天津特色的是麻栗野鸭、玛瑙野鸭、麻辣野鸭和葱炖野鸭。

麻栗野鸭。以天津栗子配野鸭共烹成肴。上席时,野鸭块外焦里嫩肉味鲜美,栗子甜润酥软,白果黄润清香,木耳、南荠、黄瓜爽口清脆,黑、黄、白、绿养眼。因调料中加有花椒末,故口味在酸甜之外,微含辛麻凉润。是津菜中较少的带麻味的菜肴。

玛瑙野鸭。以野鸭和豆皮为主料,用"炸熘"方法烹制而成。鸭肉软嫩鲜香,汁芡滚热,豆皮脆爽,口感酸甜略咸。二者合为一盘后,豆皮"吱吱"作响,有声有色。因其主料色、形如玛瑙,故名。又称"豆皮野鸭"、"两吃野鸭"。

麻辣野鸭。以去骨熟野鸭肉为主料;辅料为红辣椒、南荠、菠菜、玉兰片、木耳,调料是花椒、花椒油、葱花、姜米、料酒、酱油、白糖、淀粉。成菜口感:野鸭鲜嫩,麻辣微咸。不失为一道酌酒佳馔。

葱炖野鸭。以煮熟野鸭为主料;辅料为净大葱段和豆皮;调料是葱丝、姜丝、蒜片、料酒、酱油、淀粉、肉清汤、花椒油等。葱段、豆皮油炸呈深黄色,与野鸭块配蒸,再浇以卤汁而成。成菜腴而不腻,食之香烂醇厚。糊葱的焦香与豆皮的清素浸透野鸭骨肉,风味特殊。

黄芽韭黄青萝卜

《津门竹枝词》中的"芽韭交春色半黄，锦衣桥畔价偏昂。三冬利赖资何物，白菜甘菘是窖藏"，点明天津韭黄和黄芽白菜两大冬令名品。

韭黄也称"韭芽""黄韭芽""黄韭"，俗称"韭菜白"，为韭菜经软化栽培变黄的产品。韭菜隔绝光线，完全在黑暗中生长，因无阳光供给，不能产生光合作用合成叶绿素，就会变成黄色，称之为"韭黄"。因不见阳光而呈黄白色，其营养价值不逊于韭菜。韭黄属百合科多年生草本植物，以种子和叶等入药。韭黄性温，味辛，具有补肾起阳作用，故可用于治疗阳痿、遗精、早泄等病症。韭黄含有挥发性精油及硫化物等特殊成分，散发出一种独特的辛香气味，有助于疏调肝气，益肝健胃，增进食欲，增强消化功能。韭黄的辛辣气味有散瘀活血、行气理血导滞作用，适用于跌打损伤、反胃、肠炎、吐血、胸痛等症。韭黄含有大量维生素和粗纤维，可以把消化道中的杂质包裹起来，随大便排出体外，有"洗肠草"之称，润肠通便，治疗便秘，预防肠癌。

天津韭黄最初产于清朝同治年间。当时，与银鱼、紫蟹、铁雀并列为"津门冬令四珍"。津西芥园（今红桥区芥园街）一带，花农花商较为集中。一朱姓花农，入冬前，将韭菜籽误放入稻草帘子底下。一日，见草帘子上长出似韭菜的"黄草"，以为遇鬼中邪。待剪下这不祥之物，闻到一股韭菜清香。食之鲜美异常，全无韭菜的辛辣味道。于是，拿到集市上试着售卖。没承想，大受欢迎。来年，朱姓花农，如法炮制，育出嫩黄色韭菜，推上市场。因色鲜味美，一时奇货可居，并传为奇谈。所以，《津门竹枝词》中称："芽韭交春色半黄，锦衣桥畔价偏昂。"朱家将方法保密，获利颇丰，后来事情逐渐泄露，窖农竞相效仿。清光绪中叶，韭黄种植技术普及，冬令则以时菜上市，逐渐成为大众时蔬。

风味菜品中除常用韭黄做副料用以配色提味，较为常见吃法有韭黄炒鸡蛋、韭黄炸春卷、韭黄炒鱼丝等。包饺子、蒸包子放韭黄提鲜增味。天津人最常吃的四碟捞面中的香干炒肉丝，点缀上韭黄，味压香干中的豆腥味，增色增香。

韭黄做菜，最具代表性的是韭黄炒肉丝。袁世凯出任直隶总督，其五姨太是天津杨柳青人，烧得一手好菜，最让袁世凯百吃不厌的，就是韭黄炒肉丝。他的经典吃法是用馒头夹着韭黄炒肉丝吃，每吃必过，肚胀为止。

韭黄炒肉丝的做法是，去皮肥瘦猪肉洗净切成二寸半长的帘子棍丝，加盐、料酒、鸡蛋清，拌匀腌制十五分钟；韭黄洗净切成寸段，将韭黄头跟韭黄尾分开。锅内烧热，打清油，先放入腌好的肉丝，炒散；再下姜末、天津甜面酱；将肉丝、面酱炒熟，烹料酒、酱油；先放韭黄头,再放韭黄尾,翻炒几下,盐找口,点高汤,挂芡,淋花椒油,出勺。

炒制此菜时,要特别注意,韭黄不宜头尾一起放,尽量减少韭黄尾在锅内逗留的时间,这样炒熟的韭黄既不容易夹生,也不会过老。另外,此菜宜即炒即食,忌炒熟隔夜食用。阴虚内热、有疮疡者不宜食。

天津盛产大白菜,因多产自南北运河两岸,而称"御河菜"。清诗人唐尊恒有诗句:"大头白菜论斤卖,一二文钱价不昂。"天津大白菜分白麻叶(或称白口菜)和青麻叶(或称青口菜)两种。其中,青麻叶白菜最受欢迎。百姓总结其特色是"一根棍,核桃纹,小薄帮,菜筋少,开锅烂"为上品。

天津大白菜中有一特殊品种,就是"黄芽白菜"。天津西青区李楼乡为黄芽白菜的主产区。《养余月令》记载:在冬至前后"以白菜割去茎叶,只留菜心,离地二寸许,以粪土壅平,勿令透气,半月取食,其味最佳"。《五杂俎》中也有记载:"隆冬有黄芽菜、韭黄,盖富室地窖火炕中所成,贫民不能为也。"这说明,黄芽白菜是天津御河青麻叶白菜在避光条件下,"黄化"了的衍生产品。其栽培方法,与韭黄略同。由于黄芽白菜嫩黄无筋,生脆味甘,而广受欢迎。清诗人樊彬的《津门小令》赞颂:"津门好,蔬味信诚夸,玉切一盘鲜果藕,翠生千粟小黄瓜,嫩晚说黄芽。"清学者张焘于光绪十年编撰的《津门杂记》中记载:"黄芽白菜嫩于春笋。"光绪二十四年羊城旧客编辑的《津门杂略》也赞美:"黄芽白菜胜于江南冬笋者,以其百食不厌也。"黄芽白菜适于炒、烩、烧、炝拌等。特别是黄芽白菜切细丝配海蜇皮以腊八醋生拌,是津门春节餐桌必备下酒菜。

因青麻叶大白菜,而衍生出来的"冬菜",更是享誉全国,远销东南亚。全国生产冬菜的地区主要有四川生产的"川冬菜"，北京生产的"京冬菜"，天津生产的称为"津冬菜"，又称"荤冬菜"。1890年，天津大直沽酒店，在河北沧州"艺丰园"素冬菜和天津大直沽"广茂店"五香冬菜的基础上，创制出荤冬菜。1920年，大直沽"义聚永"酱园在静海县纪庄子就地采购白菜，设厂生产，把生产冬菜技术传到静海。1923年，纪庄子"广昌德"酱园开办"山泉涌"冬菜作坊，并注册"人马牌"商标。天津冬菜使用南运河两岸出产的青麻叶大白菜和另一名品"四六瓣红皮大蒜"炮制，色泽金黄，口感微酸，蒜香味浓郁。具有除湿、去痛、解毒功效。可直接食用，也可做烹调配料，如烹制"冬菜扣肉""冬菜鸭子"等。天津人爱喝的大碗馄饨，更是离不开天津冬菜。氽汤、熬鱼、炒羊肉均可，很受气候潮湿的闽粤地区百姓的欢迎。后又通过他们传到东南亚各国，是当地华人华侨自用和相互赠送的佳品。至今，天津冬菜，以"长城牌"为商标，仍然畅销上述地区。

卫青萝卜，是天津的特有名品，因产自天津卫而在青萝卜前冠了个"卫"字。百十年前，天津有句歇后语："小刘庄的萝卜，俩味儿的。"说的是河海边小刘庄挂甲寺一带，盛产青萝卜，内外青绿、皮薄肉细、水分充足、含糖量高、味道甘甜微辣适口，生吃可代替水果。隆冬时节，萝卜掉地上，可碎裂多块。走街串巷卖青萝卜的小贩叫卖时常喊："赛梨不辣的青萝卜！"说明卫青萝卜的质优价廉。因马三立的相声里一句："萝卜就热茶，气得大夫满地爬。"意思是说，吃卫青萝卜喝热茶，可以消食解病，就可以不看大夫了。虽然夸张，但不无道理。马三立的诙谐，给卫青萝卜做了广告，让卫青萝卜名满天下。现在，小刘庄挂甲寺一带已是高楼林立，取而代之的是西青区张家窝乡的个大长形

"沙窝萝卜"和津南区葛沽镇的个小圆形"葛沽蛋"萝卜供应市场。且因耐贮、耐运,而广销港澳、日本和东南亚等国家和地区,与青麻叶大白菜、冬菜,成为天津外贸出口的名特产品。

卫青萝卜中维生素C的含量,高于梨、苹果八至十倍。含有大量的淀粉酶,可以分解淀粉,帮助消化;它还含有芥子油,有促进食欲的作用。中医认为其味甘辛、性微凉,可健胃消食、止咳化痰、顺气利尿。卫青萝卜的吃法很多。除生吃外,烧、炖、煮、氽皆可,淹、酱、糟、泡、熏、煨、饯、腊也行。切丝,氽鲫鱼汤、羊肉丸子汤、猪肉丸子汤、小虾皮汤最为普遍。

小站稻米朱砂豆

又是一年金秋时，层林尽染，稻花飘香。说"津味儿"，就不得不说小站稻米。清嘉庆十六年（1811），诗人崔旭作《葛沽》诗云："满林桃杏压黄柑，紫蟹香粳饱食堪。最是海滨好风味，葛沽合号小江南。"清道光七年（1827）天津举人华长卿作《十字围》诗："河水澄清红稻肥，田间燕子双双飞。葛沽遥接贺家口，土人相传十字围。"另一清诗人周楚良作《津门竹枝词》有云："作粥葛沽稻粒长，汁滤晶碧类琼浆。三秋可惜无多获，只种东南水一方。"葛沽地区的小站稻米扬名天下，因其"白里透青，油光发亮、黏香适口，回味甘醇"的特有风味。清朝末年，曾作为宫廷御膳米。日本侵华时期，奉为高级军粮，强禁稻农食用。

其实，天津栽种水稻已有近两千年历史了。据史籍记载，东汉建武年间，古渔阳太守张堪，就曾开垦稻田万顷，劝民耕种。唐代开元年间，在渔阳古郡（今天津蓟县）盘山曾建千像寺，遗址幸存古碑，碑文记载:"夫幽燕之分,列郡有四,蓟门为上。地方千里,籍冠百城。红稻香粳,实鱼盐之沃壤。"明万历二十九年(1601),天津巡抚汪应蛟曾在葛沽、白塘口一带开田五千亩,其中稻田过半。此后,天津直隶巡按御史左光斗等,也曾在这一带试种过水田。明朝重臣徐光启受徐贞明所著《潞水客谈》的影响,于万历四十一年至四十六年(1613—1618)间,在天津从事农事试验,认为在天津开田种稻是一救国良策。他把一半土地作为水田,将水稻"南种北引",并从上海老家请来孙彪等数名"田师"来津种稻传艺,成为天津开田种稻之先驱。经三年"南稻北移"的科学实验,天津水稻产区逐渐形成。据清乾隆《天津县志》卷十二《附营田》载:该围田为"一面滨河,三面开渠,与河水通,深广各一丈五尺,四面筑堤,以防水涝,高厚各七尺,又中间沟渠之制,条分缕析"。于河沿岸,围田主干渠开挖深约五米,以排涝,降低地下水位及土壤盐碱。利用海河潮汐,涨潮引水灌溉,退潮排除尾水,如此循环往复,以不断降低土壤盐碱。是天津地区改良土壤质量,广泛种植水稻的极为有效的方法。此法至清中叶仍使用。

清同治十三年(1863),直隶总督李鸿章命淮军提督周盛传部驻马厂修筑塘沽新城。他们在米仕途中"量地设站,四十里一大站,十里一小站"。今小站镇故由此得名。周盛传为了筹补军饷,在小站、葛沽、白塘口一带垦田种稻,他承先人种稻之衣钵,开挖水渠,拉荒洗碱,引进良种。经长期培育,终于生产出银珠粒粒的"小站稻米"。昔日,五万多亩成排的稻田,被称为"排地"。有诗人曰:"排地占地五百倾,南北分别到大赵。"

小站稻米,禾本科一年生植物。属粳米中之优良品种,晶莹如珠,米香浓郁。作为日常主食，不仅可作煮粥、蒸饭之用，还因它有黏性，也可磨粉，制做糕团。天津著名小吃万全堂"杨村糕干"，即为小站稻米与糯米磨浆而成。

天津红小豆又称赤豆、朱砂红、朱砂豆，是天津的特产，传统出口商品，远销海外。朱砂豆颗粒饱满，色泽鲜红光亮，具有皮薄、沙性大、易煮烂等特点。其营养丰富，含有大量蛋白质、脂肪、碳水化合物、粗纤维、钙、磷、铁、维生素 B_1、B_2，及钙、铁、磷等成分。具有一定的药理作用，利尿、消肿、解毒排脓、清热祛湿、健脾止泻。尤为中医妇科常用。经常食用，大有裨益。

朱砂豆制豆馅、小豆粥、豆沙包、炸糕、切糕及高级糕点，豆味香浓，食用爽口。盛夏时节，选用天津红小豆制成的雪糕、冰淇淋、红豆冰沙等消暑食品畅销不衰。天津小吃三绝之一的"耳朵眼炸糕"，必选天津御河两岸的红小豆糗制豆馅，方可成全其名。

天津传统甜菜上品"高丽澄沙"，选用朱砂豆为主料。先将朱砂豆煮烂后，过箩去皮，再用油和糖炒制成色泽光亮鲜红，质地细腻润滑，豆味浓郁，甘甜爽口的"澄沙"。然后，将澄沙团成小球，裹匀用鸡蛋清、面粉、淀粉制成的"高丽糊"，以温油慢炸而成。成品呈圆球状，大小均匀，颜色一致，不凸不凹，不露馅。淡金黄色，外油润松软，内细腻甘甜。起到调剂整桌酒席口味，醒酒开胃的作用。

年节滋味美筵席

腊八小年　熬粥泡蒜

春节起源于农耕社会,各种传统风俗反映出农耕社会中人们的憧憬和祝福。春节处在年度周期与四季循环新旧交替的时间关口。其节俗丰富多彩、生动活泼,充满了人性伦理之美、情感之美、艺术与智慧之美。

春节——从"腊八"开始,直至正月十五灯节结束。在这长达一个多月的期间,分为备年、过年、贺年三个阶段。进入腊月,人们开始"备年",就是磨面蒸糕、缝制新衣、采办年货,准备祭品。从小年到除夕是"备年"的高潮,出门在外的人要赶回家,这叫"奔年",在家的人要做好过年的各项准备。从除夕夜到正月初五是"过年",家人团聚,祭祀祖宗、神灵,迎新纳福。从正月初六到十五是"贺年",花市灯彩,全民共欢、普天同庆。春节期间的年俗,犹如展开一幅传统民俗的长卷,令人神往,美不胜收。

俗语:"腊七腊八儿,冻死俩仨。"室外天寒地冻,却难以挡住人们对过年的企盼和热情。俗谚："小孩小孩你别馋，过了腊八就是年。"腊八这天人们要吃应节食品腊八粥，各家各户在头天晚上开始熬制。中国古代有冬至以赤豆粥祭神的习俗。腊八粥的食料都有民俗谐音，例如：红枣花生比喻早生贵子，核桃表示和和美美，莲子象征恩爱连心，桂圆象征富贵团圆，百合象征百事和睦，橘脯栗子象征大吉大利等。人们以此期盼未来生活的美好。

关于腊八粥来历有种种传说，影响最大的是纪念佛祖成道。相传腊八这一天是佛祖释迦牟尼成道之日，故也叫"成道节"。相传佛教创始人释迦牟尼在得道成佛之前，曾游遍了印度的名山大川，苦心修行，寻求人生究竟。他到了北印度的摩揭陀国时，由于地处荒僻，人烟稀少，加上酷热煎熬，又累又饿，他终于倒下了。这时，一位牧羊女放牧来到这里，见状忙拿出自己食用的午餐，也就是各种黏米、糯米和野果混在一起的杂烩饭，又取来泉水用火加热后，一口一口地喂释迦牟尼。食毕，他顿时恢复了元气，在尼连禅河（今法尔古河）里洗了个澡，然后在菩提树下静坐沉思，于十二月初八得道成佛。

这一天，各佛寺都做法会，并用米、豆、果实熬粥供佛，叫做"佛粥"。早年天津寺庙极多，善男信女，富贾士绅，每年舍粥之风极盛。一些慈善团体、商户、理门、公所、大户人家多在这一天大量熬粥施舍，无论穷人富人，皆可索取，只为结善缘。一般在初七夜间把粥熬好，初八天未亮就在门前摆好桌案，公开施舍，凡要则给，同时吆喝"缘了！"舍粥完毕，锅里剩个两三碗，索性连同锅巴、黏粥都送一人了事，叫作"包缘儿"。信奉佛教的人，这天晚上要跪于佛龛前边念佛边捻豆，持食于人，叫作"结豆缘"。一般人家，也熬一锅粥，送左邻右舍，称"结缘粥"。

清代天津诗人樊彬《津门小令》，其中《结缘豆》记述津门习俗："腊八日舍结缘豆，痘愈者，愿舍道童。"诗云："津门好，积善散多财。舍豆结缘陀佛念，谢花还愿道童来，庵院岁修开。"其实腊八食粥，并不仅为佛教影响。老舍先生说得好：细想起来，腊八粥是农业社会的一种自傲的表现。腊八粥，既是农耕社会的五谷杂粮及各类果品的一次展示，也是丰收之后人们感谢天地自然恩赐的一席盛宴。

熬腊八粥的原料，多达十几种，有江米、小米、黍米、黄米、红枣、栗子、花生、菱角米、绿豆、红豆、青丝、桂花、果脯、山楂、葡萄干、桃仁、莲子、桂圆、杏仁、白果、百合等等。一般人家熬腊八粥根据自己的经济能力，原料可多可少。腊八粥成分繁杂，做法讲究。先把难熟的豆类煮成半熟，再放进米类和果品，慢火煮烂。吃时，多在里面放白糖。旧时，津地理门公所亦要"摆斋"，即由理门公所当家的老师，邀来本门各位弟子，聚餐素食。

为了让全家人在一早起就喝上热热乎乎的腊八粥，家庭主妇在三更天就起床，开始熬制。天津是一座移民城市，"远亲不如近邻"已成为社会公认的信条。当年住大杂院、小胡同里的街坊邻居，有互送腊八粥的老例儿。到了腊八每家都熬腊八粥，但食材品类和味道却各不相同。赵家给周家送一碗，刘家给宋家送一碗，以感谢老街旧邻一年来的关照和包涵；更重要的是密切感情，越走越近。

腊八这天，家家户户吃素饺子，泡腊八醋。腊八醋是将大蒜剥皮浸泡在醋里，容器口封严实，待除夕吃饺子时打开。据说腊八醋只有在腊八这天浸泡才有这种香味。翡翠碧玉腊八蒜。泡腊八蒜是北方，尤其是华北地区的一个习俗。顾名思义，就是在阴历腊月初八的这天来泡制蒜。其实材料非常简单，就是醋和大蒜瓣儿。做法也是极其简单，将剥了皮的蒜瓣儿放到一个可以密封的罐子、瓶子之类的容器里面，然后倒入醋，封上口放到一个阴凉的地方。经过二十多天的浸泡，泡在醋中的蒜瓣慢慢变得通体碧绿，如同翡翠碧玉。辛辣味渐减，而平添一股蒜香。天津人讲究选用宝坻紫皮大蒜"六瓣红"或静海红皮大蒜"四六瓣"泡腊八蒜，蒜香更浓郁，口感更生脆。到了大年三十的晚上，热气腾腾的饺子蘸上满是蒜香的腊八醋，三鲜馅的去腻提鲜，素馅的提纯增香。另外，湛青翠绿的腊八蒜和辛香杀口的腊八醋配上自制的腊豆，那是老天津人百吃不厌的绝顶美味。

关于泡腊八醋的来历，还有一种诙谐的传闻：过去住在天津老南市的居民多为小商小贩小买卖人家，相互拖欠钱物的情形相当普遍。到了年根底下，聪明的要账人提溜着一罐儿腊八醋馈赠给欠债者，"蒜""算"二字同音，含蓄地提示：到年底该"算"账了！于是欠债者边道谢边道歉，和和气气、心照不宣地"亲兄弟明算账"，货款两清，情意依旧。

人们在历经春耕、夏耘、秋收、冬藏的一年之中，喝粥的次数恐难统计，但却以这碗腊八粥最为丰盛，记忆颇深。因为，由此开始，过年的序幕已悄然拉开。年货市场开张，各种年货集中上市，人们开始采购各种年货，鞭炮声、空竹声、欢笑声逐渐响亮浓烈开来……

糖瓜祭灶　新年来到

民间称农历腊月二十三为"小年"。所谓"小年"，就是说：其规模次于"大年初一初二初三"的意思。春节从"小年"开始，直至正月十五"灯节"结束。在小年这一天，旧时民间有送灶、祭祖、扫尘等习俗。咱先说送灶。天津俗谚："糖瓜祭灶，新年来到。闺女爱花，小子要炮。"倒退几十年，各家各户都供奉灶神，就是贴在灶台后墙上的灶王爷神像。两旁配有对联"上天言好事，下界保平安"；横批"一家之主"。小年是灶王爷上天之日，灶王爷辛苦了一年，从腊月二十三到除夕这一周，老人家放长假，要回天庭汇报工作去。因此每年腊月二十三，家家户户要祭祀灶神，请求他上天在玉皇大帝面前多说好话、吉利话。通过灶神的美言，给家庭带来幸福，保佑来年一家平安。这种送灶神的仪式叫做"祭灶"。

祭灶是一项在中国民间影响很大、流传极广的习俗，旧时差不多家家灶间都设有灶王爷的神位。民间传说灶王爷是玉皇大帝派到人间监视每家行善或作恶的神灵。灶王爷自上一年除夕以来就一直留在家中,保护和监察一家。到了腊月二十三,灶王爷便要升天,去向玉皇大帝汇报这一家人的善行或恶行,送灶神的仪式称为"送灶"或"辞灶"。玉皇大帝根据灶王爷的汇报,再将这一家在新的一年中应该得到的吉凶祸福的命运交于灶王爷之手。对一家人来说,灶王爷的汇报意义重大。

天津民俗"男不拜月,女不祭灶"。祭灶是男人的事。

糖瓜用麦芽糖制作,咬一口很脆,但在嘴里融化后很黏。民间之所以用"糖瓜"祭灶,是为了让灶王爷"上天言好事,回宫降吉祥"。民俗认为:一年来全家的大事小情,清浊贤愚,全被灶王爷看了个满眼。在灶王爷上天之前,敬奉糖瓜,使老人家"吃了人家的嘴短",把他的牙粘住,使之不能乱说话。人们提前一两天到集市去买"糖瓜"。晚上将一碟糖瓜和一碟年糕供奉于灶王像前,焚香燃烛。然后将灶王爷神像双手揭下,嘴里念道:"上天为我多美言,保我全家永平安"或"年糕堵您嘴,糖瓜粘您舌,今夜上天去,好话要多说!"祝毕,将灶王像焚烧。然后全家分吃糖瓜,这种年俗反映了百姓对平安生活的祈望。

旧时天津,小年之夜,华灯初放,卖瓜果梨桃的、卖花生瓜子的、卖头油头花的、剃头刮脸的、绱鞋修鞋的、磨剪子戗菜刀的小贩们纷纷游走于大街小巷,叫卖之声此伏彼起。午夜时分,鞭炮声响起,人们正在为灶王送行。时至今日,传统的灶台基本退出了城市居民的生活中,祭灶活动也渐渐淡出了人们的视线,但腊月二十三"小年"燃放鞭炮和享用糖瓜的习俗,仍被保留了下来,为人们增添了许多乐趣与遐想。

春节饺子团年饭

20个世纪20年代,一位天津文人写过一篇《津沽春游录》,把除夕那天的天津市面写得活灵活现:"除夕之日,街市商户,多悬灯结彩;交易过至午夜,游者及采办年货者,拥拥挤挤。举凡估衣街、大胡同、北马路、娘娘宫大街等市,随处皆是,车马往来,几弗能过。至娘娘宫大街,则又以焚香偿愿者为伙,香烟通衢触鼻。生意极盛者,首为香烛店,而次则年画铺,风筝纸鸢店,玩物摊;而其他如茶食店、广货铺、杂货铺、茶叶店、首饰店、典质店,亦均兴盛。煤气大灯每店悬其一,以故照耀街道,无隙不明。时至中夜,多闻爆竹声,家家已迎灶君下界,以保平安。团圆之乐,概可知矣。"20个世纪30年代的北门外竹竿巷、估衣街一带,各商号争奇斗胜,彩灯、烟花相映成趣。除夕之夜街头卖糖墩儿、糖果、糕干之类一夜不停。

大年三十的午饭是丰盛的菜肴和稻米饭,晚上是荤馅饺子,取"更新交子"之意。这种饺子的荤馅以猪肉为主,加鸡蛋、虾仁或蟹黄、海参、韭菜等。年夜饭又称为"团圆饭",是中国人一年之中最重要的家庭宴会。全家人从四处赶回聚拢,在除夕之夜共进晚餐。人们一大早便忙碌起来,剁肉馅、包饺子、备菜肴。年夜饭菜肴丰盛,荤素搭配,要凑十个菜,以求"十全十美"的吉利。环境氛围红红火火,全家人喜气洋洋。一道道凉菜热菜,温馨撩人。萝卜,俗称菜头,祝愿有好彩头;虾仁、炸鱼等煎炸食物,意为家运兴旺;韭菜谐音"久财",以示"年寿财源长久";甜食,喻示甜甜蜜蜜。在年夜饭中,最重要的一道菜就是鱼,"鱼"和"余"谐音,象征"吉庆有余",也喻示"年年有余",图个吉利,图个喜庆。不同馅的饺子也有不同的文化寓意:芹菜馅,寓意勤劳发财;韭菜馅,寓意长久发财;白菜馅,寓意百样之财等等。除夕之夜,一家人欢欢喜喜围坐一桌,品尝美味佳肴。团圆饭要求家庭全体成员都参加,座次长幼尊卑有序。如果有人赶不回来,要给他留个座位,桌子上要摆上碗筷和酒杯,象征全家团圆。多说吉利话,各人适量饮酒以庆贺春节。年夜饭要慢慢吃,有的人家从掌灯时分开始,一直吃到深夜。晚饭后,家家都要把涮洗完凡空着的锅和面盆等处都放上干咸鱼和硬皮糕点"福喜字",以取多福多喜、吉庆有余之意。

  天津人把饺子分为荤馅饺子和素馅饺子。荤馅饺子在除夕的晚饭吃,外出者都要在除夕这天赶回家来,吃这顿团圆饭,所以民间把这顿饺子叫作"团圆饺子"。素馅饺子要在三十晚上包,大年初一吃,不仅是荤素有别,味道特殊,而且祝愿来年素素净净。天津俗谚"三十灯下坐一宿,子夜素饺头一口",说的就是此事。

  三十晚上,阖家欢乐,围桌共饮,其乐融融。小时候,最爱过年。

随着胡同里零星的鞭炮声，孩子们在饭桌旁开始骚动，待到"打灯笼，烤手喽，你不出来我走喽"的召唤，孩子们已是迫不及待，放下饭碗，急急奔将出去。这时的胡同里大街上，鞭炮声渐密，中间夹杂着小贩抑扬顿挫的吆喝声"赛梨不辣的青萝卜""大糖堆儿，什锦馅的大糖堆儿"和奶气未脱的童声"滴滴金儿，冒火星儿，专打杜鲁门的小飞机儿"。

孩子们出去玩了，大人们的晚饭也就逐渐收场了。女眷们开始忙活起三十晚上最重要，也是最后一项工作——包素饺子。这顿素饺子有讲究，馅料一定要全：以大白菜为主，辅料为香干（老天津卫以孟记酱园的"三水五香豆干"首选）、素冒（一种油炸豆制品）、面筋、红粉皮、白粉皮、木耳、黄花菜、豆芽菜、香菜、姜末、麻酱、酱豆腐、酱油、香油、盐等。最少不了的是棒槌馃子。经济困难时期，政府为了让百姓们家家过好春节，专供春节的食品中就有棒槌馃子，就为三十晚上这顿素饺子馅，国营早点部要从大清早天不亮就开始炸棒槌馃子，直至中午十二点，要保证每个家庭都要买到。最具特色的辅料是"长寿菜"（即水发干马齿苋菜，野菜，夏天摘取，晾干保存，专为除夕夜配初一素水饺之用），既提味，又有保健作用。以致这顿饺子成为饺子中的一道专门品种——"初一素"。这里没有鸡蛋、大葱、韭菜、小虾米皮嘛事，那是大津素饺子中的另一品种"鸡蛋素"。

说是"初一素饺"，准确地说，应该是"年夜饺子"，因为新年是从午夜子时开始的。子时一到，开锅煮饺子。第一锅饺子要分三份盛出来，一份供奉先人，不要忘了祖宗；一份端给"老尖儿"，家中年纪最大的老人，敬老爱老；一份放置稳妥处保存，等到初二给回娘家的闺女吃，闺女是爸爸妈妈的贴心小棉袄。

春节饺子的文化含义十分丰厚。天津文化学者谭汝为教授曾撰文分析春节饺子的五重象征寓意。

首先，饺子象征新旧交替、辞旧迎新。"饺子"与"交子"谐音，表示新年与旧年在"子时"交替。除夕之夜，全家人一边"守岁"熬夜，一边包饺子，等到子时"辞岁"时才吃。天津民俗"更岁饺子"应为素馅，寓意新的一年素素净净、平安吉祥。

其次，饺子象征阖家团圆。天津民俗称除夕夜或大年初一吃的饺子为"团圆饺子"。对于中国人来说，过年能和家人一起吃饺子，尽享天伦之乐，是人生大幸事。

第三，饺子象征财富与元宝。因饺子形似"元宝"，故为金钱和财富的象征。老天津人过年摆放饺子的盖帘是圆形的，先在中间摆放几只元宝形饺子，然后再以元宝为中心，再一圈圈地向外逐层摆放，民俗称此为"圈福"，就是祈祝来年生活富裕、家庭幸福。

第四，过年吃饺子，还有"验岁""测福"的习俗。天津人在除夕包饺子时，有言语禁忌，就是在和面与调馅的搭配上，忌讳说"少了""没有""不够"之类不吉利的话。为了讨吉利，在过年饺子里包进一枚硬币，认为吃到它的人在新年能发财交好运。后因为讲究卫生，改硬币为水果糖。

第五，饺子象征安定无忧。旧时京津地区俗话说："要命的糖瓜，救命的饺子。"即腊月二十三糖瓜祭灶之际，是债主催债讨债、穷人躲债逃债之时；但到了除夕夜煮饺子时，决然不会再有人来登门讨债了。歌剧《白毛女》杨白劳躲债的故事，就是此情此景的艺术再现。在除夕之夜，忌讳外人突然闯入，因为不速之客前来串门或债主上门讨债，对一个家庭欢乐的年终团聚都是大煞风景的干扰。

正月初二　捞面成席

天津人讲究吃捞面。小时候家里遇到红白喜事，街坊四邻都随份子。为表答谢（不随份子也要送，只是晚上不请客席），中午捞面第一锅全部派送。大海碗盛捞面，三分面，七分菜。菜码盖在上面，八种菜码，五颜六色，好不热闹。现在，家家住楼房，极少往来，再也见不到那样的场面了。

不知从什么时候开始，大年初二成了天津人约定俗成的姑爷节。其实，老世年间，正月十一才是"子婿日"，即姑爷节，是岳父宴请女婿的日子。初九庆祝"天公生日"剩下的食物，除了在初十吃了一大外，还剩下很多，所以娘家不必再破费，就利用这些剩下的美食招待女婿及女儿，民间称为"十一请子婿"。现在是，大年初二，外嫁的闺女回娘家，本来也没有姑爷嘛事。1990年的大年初二，大雪迎门，一尺多厚的积雪，使天津的交通彻底瘫痪。老婆回娘家，老爷们儿自不敢怠慢，不为老婆，为了孩子，也要打起十二分精神，迎风冒雪，送老婆回娘家。于是乎，天津的大街小巷，穿红戴绿的媳妇头前带路，抱孩子提年货的大老爷们儿紧随其后。上午九时，出行的人达到高峰，满街满胡同的人赛赶庙会出皇会。下午出版的《今晚报》头版头条，特号的铅字大标题："姑爷们，辛苦啦！"生动地报道了这一百年不遇的盛况。大概缘于此，天津的姑爷节诞生了。

闺女来了，姑爷也来了，丈母娘们更不敢怠慢。大年初二的捞面，豪华程度自是达到顶峰，整桌的宴席，皆为捞面而备。天津捞面席，讲究四碟炒菜、八种菜码，寓意"四平八稳"，讨吉利，讨口彩。外加三鲜卤组成捞面席。各家根据自己的经济实力，量力而行，高中低档均可。

"初一饺子初二面，初三合子往家转"。在机制面条出现以前，天津的主妇手擀面条。天津人每逢喜寿大事就爱吃捞面，特别是大年初二迎接姑爷款待女婿时，按照天津"老例儿"，一定要摆上一桌配四碟菜的打卤面，要的是"四平八稳"，而吃长长的面条又取意"绵延流长"。天津人用"四碟捞面"款待姑爷，也是岳父母为了祝福女儿、姑爷家宅四平八稳、福寿绵延流长吧！所谓"四碟"，指的是为面条搭配的四个炒菜，一般是一碟海鲜如清炒虾仁、一碟酸甜口的菜如糖醋面筋丝、一碟炒鸡蛋或木须肉、一碟肉丝炒香干韭菜（或韭黄）。还有一大盘什锦菜码（白菜、黄瓜、绿豆芽、红粉皮儿、青豆、黄豆等）。大年初二款待姑爷的四碟捞面，以家常菜为主。

捞面档次的分野，主要在四碟炒菜上。高档的炒青虾仁、韭黄肉丝、桂花鱼骨和炒鸡茸鱼翅针；中档的熘蟹黄、樱桃肉、木须虾仁和炒三鲜肉；低档（即家常配菜）的糖醋面筋丝、熘黑鱼片、肉丝炒香干和摊黄菜（炒鸡蛋）。菜码也讲究，青豆、黄豆、菠菜、红粉皮、白菜丝、黄瓜丝、胡萝卜丝、豆芽菜。其实，每年初二的捞面，不只四个炒菜，讲究的还要上烩三丝、全家福、生敲鳝糊，最不济，也要蒜薹炒肉丝、青椒炒肉丝、鸡蛋炒莴笋。

一碗三鲜卤，也是高低不同。讲究的以海鲜为主，蟹黄、瑶柱、鱼骨、鱼翅、鲍鱼丁、虾仁。简单的也要五花肉熟肉片、虾干、香干、面筋。无论高低，都少不了木耳、黄花菜。最后，还要淋上鸡蛋液。俗话说，没有鸡蛋还打不了卤了。也有嫌腥怕肉的爱吃素卤，馃子素卤、青酱卤、麻酱卤、炸酱卤、醋卤，皆可入席。周到的天津人，创制出"五卤面"：三鲜卤、青酱卤、麻酱卤、炸酱卤、醋卤，荤素皆备，让客人自由选取，皆大欢喜。捞面成席，虽非天津独有；但论起那个"讲究"劲儿，且分高中低三档，天津确是天下独步。

春节食谱　馅食当家

饺子、合子以及包子、锅贴等，都属于"馅食"。天津"馅食"驰名海内外。罗澍伟先生在《馅食——百姓身边的餐饮文化》一文中指出：馅食，在中国有着悠久的历史，天津作为水旱码头，馅食经营素来发达。逢年过节，重要活动，天津人吃馅食，主要是饺子、合子。"初一饺子，初二面，初三合子往家转（赚）"，正月十五上元节吃饺子叫"咬（邀）月"；过生日祝寿前一天吃"催生饺子"；买卖散伙吃饺子称"散伙的饺子，开张的面"；迎来送往吃饺子叫"迎长送短"；节气更迭也要吃饺子，"头伏饺子，二伏面，三伏烙饼炒鸡蛋"，立秋吃饺子叫"咬秋"，立冬吃饺子为的是"一冬不冻耳朵""立冬不端饺子碗，冻掉耳朵没人管"。总之，一年到头，找足了理由吃饺子。

春节期间吃饺子达到顶峰。年三十和初一的饺子，更是变着花样吃。三十晚饭要吃三鲜馅饺子，过了子时，迈进新年初一吃素饺子。

正月初三要吃煮合子，取其和和美美、团团圆圆之意，象征家族团圆美满，发达兴旺。预示着家庭和美圆满。合子是饺子的一种演变。天津的合子有讲究，要下大小两种面剂，擀出大小皮，这叫"子母皮"，包时好多放馅料。于是乎，老太太、大妈、小媳妇们心灵手巧，皮薄馅大，包得严实；还不厌其烦，顺着合子捏一圈秀美的花边，以褶多为好，二十个最佳。多了或者少了倒也无妨，只是一定要双数，成双成对，寓意合美。初三吃合子的另一层意思是分本盈利。"初三的合子往家转（赚），一转赚个金元宝，叽里咕噜往家跑"。合子寓指"合子利钱"，一本一利，生意兴旺，本利翻番。因为"转"与"赚"同音，合子也寓意财源不断。煮出来的合子第一盘，要给财神供上一份。这顿合子以三鲜馅为主，辅以大肉、鸡蛋、虾仁、海参、木耳。讲究的，俏韭黄或青韭；次之，俏白菜嫩帮。也有专吃羊肉馅或素馅的。无论哪种馅的合子，煮出来的第一锅合子要敬财神，图吉利，盼发财。这天包的合子特别多，包得多，赚得多。真正吃时，还是要有一部分三鲜饺子一起吃。多包出来的合子煮过后放到院子冷冻，也有的把生合子冷冻，择日油煎合子、油炸合子，外焦里嫩，风味别具。天津人吃合子大多喜欢煮着吃，也有烙着吃的，俗称"干烙儿"。

正月里吃合子，无论大吃小吃，主吃副吃，都与饺子一样，为水煮，绝对没有上铛烤烙的。为嘛？一怕"被烤烙"，二怕"翻个"。天津运河水系发达，靠水靠船吃饭的人多，忌讳正月里烤烙食物，怕不吉利。

天津人吃馅食出名，专营饺子、合子、包子、锅贴的餐馆也是大行其道。

天津人称正月初五为"破五"，要"赶五穷"，即智穷、学穷、文穷、命穷、交穷。这一天，家家户户吃饺子，称为"咬破五"。特意在三五个饺子的馅里包上枣或糖，吃上者为走红运，象征生活幸福甜蜜。入夜燃放鞭炮，含避邪免灾的意味。民间特别讲究的是"破五"捏小人习俗。这天，各家各户都要包饺子，驱邪秽，捏小人。家庭主妇在用刀剁菜馅或肉馅时，一边剁，口中要一边念叨"剁小人"，以宣泄对说坏话的小人的憎恨之情。包饺子时，主妇们还要仔细地捏饺子皮，不露一点缝隙，唯恐煮饺子时发生破口现象。这种举动称"捏小人嘴"，意思是将说坏话的小人嘴捏严实，使其不能搬弄口舌，滋生祸端。这是为自己和家人祈顺求福的一种民俗活动，从早到晚，鞭炮不断，视为崩小人，至今仍然沿袭。

"剁小人"和"捏小人嘴"昭示天津人对所谓"小人"的深恶痛绝。家家户户剁"小人"，"小人"又指谁呢？恐怕很难说清楚。人们心目中的"小人"，形象地说是指戏剧舞台上勾着白脸、心怀鬼胎、行为不轨的丑角儿，人们把不顺心的事归结到"小人"的身上，除却"小人"，才有大吉大利，顺顺当当诸事如意。此习俗在疾恶如仇的情绪宣泄之外，客观上对于推进道德自律不无裨益。"迎财神"与"剁小人"，一为祈福，一为避祸，似相抵牾，其实是同一事物的两个方面，二者相辅相成，破立相生。

由于初五日还肩负着接财神、送穷神多重重任，所以这一天就显得非常重要。这许多的讲究综合起来，就形成风俗——要摆宴席，要放鞭炮，要吃象征"元宝"的饺子。

农历正月初五这一天，许多地方时兴一种叫做赶"五穷"的风俗。人们黎明即起，放鞭炮，打扫卫生。鞭炮从每间房屋里往外头放，边放边往门外走。说是将一切不吉利的东西、一切妖魔鬼怪都轰将出去，让它们离我们远远的，越远越好。打扫卫生是一种彻底的大扫除。从每间房屋里把垃圾扫出门外。腊月三十到正月初五以前，一般是不允许搞卫生的，也扫扫地，但只能在屋里扫，垃圾只能先放在屋里的拐角处。特别大年初一，那是一扫帚也不能动的，说是动了就将好运气弄掉了。可到破五这一天，却非彻底地搞一回大扫除不可了。等到垃圾扫出大门，扫到一个角落，便也将鞭炮从屋里放到了屋外，于是拿来一个极大的爆竹，放在那垃圾堆上，点燃了，"轰隆"一声，仪式完毕。人们说：这下子，一切穷气穷鬼都给赶跑了！

旧时，从正月初一到初五，是春节的高潮，民间有许多禁忌，例如不得用生米做饭，主食大多在腊月小年之后就已做好准备。妇女不能动针线、不能打扫卫生、不能打碎东西、说话办事要格外注意，妇女不串门，即使住同院，也不串门。但有的人家，于初三请"全人"开市，开市后妇女就可以互相串门了。过了初五，这些禁忌即告解除，日常生活恢复到大年三十以前的正常状态——故称正月初五为"破五"。天津诗人冯文洵在《丙寅天津竹枝词》曾写道："新正妇女忌偏多，生米连朝不下锅；杯碗摔持须谨慎，小心破五未曾过。"大小商店在"破五"这天"开市大吉"，恢复正常营业。

赶到初七初八初九，还要吃合子，这叫"加七加八""合子加八越吃越发""合子加九越吃越有"。正月十一吃合子回头小填仓，正月二十一还要吃合子，这叫"合子拐弯儿得利多"。才算告一段落。清诗人周宝善在《津门竹枝词》中不无感叹："愿郎今岁丰财货，合子拐弯得利多。"

其实，除了正月初三吃合子是大吃特吃，其他日子吃合子只是吃饺子的点缀，是包饺子余留少部分馅料和面剂，包几个合子，图吉利而已，象征意义大于实际意义。这时的饺子合子馅料，没有什么规定禁忌，各家各户大显身手，什么蔬菜都可以与大肉馅搭配。爱吃鱼的，可以做鲅鱼馅饺子；爱吃牛羊肉的，大白菜牛肉、洋葱牛肉、大葱羊肉。家里吃不完的酱肉，也可派上用场，白菜酱肉馅饺子也是别有一番风味。

正月十五上元节，家家吃元宵。可天津人的思维观念里，元宵就是小吃，吃元宵，就是吃玩意儿。所以，吃元宵是正餐前吃，垫吧垫吧；或者饭后吃，找补找补。喝酒时，炸几个元宵，当下酒菜。这一天的正餐主食，还是饺子，三鲜馅饺子。

正月二十五，打囤填仓。天津卫的顺口溜是："大米饭，熬鱼汤，吃饺子为填仓。"也有吃合子的，名曰"吃合子为盖仓"。

天津社科院原历史所所长、天津文史馆馆员罗澍伟先生对天津"馅食文化"有专门论述：乾隆年间的《天津论》里就有"双立园包子白透油"的记载。开埠后，天津经济开始繁荣，富有特色的馅食异军突起，如《津门纪略》中就记有甘露寺前的烧麦、侯家后狗不理的大包子、鼓楼东小车的小包子、袜子胡同的肉火烧等。

到了20世纪初，天津馅食空前发展。像狗不理包子铺，先在南市东兴大街设立分号，后又把侯家后老号迁到北大关桥口，最后分号老号合并，迁址旧法租界天祥后门，开设德聚号狗不理包子铺。北门外的一条龙和半间楼两家包子铺，当时也都生意兴隆，门庭若市。

运河裁弯后,鸟市餐饮业勃兴。著名包子铺有三合成、保发成和德发成(外号黑白脸),另有多位著名"馅活"师傅。三合成名师何继汉,每天可用刀剁出数百斤肉馅,瘦肉丁比绿豆小,肥肉丁比黄豆大,一起搅为水馅,被誉为全市"第一肉菜";名师王荣钧,公私合营后升任狗不理总店经理。清真馅食有白记水饺、恩发德饺子馆、魁升斋蒸饺、成记羊肉烧麦等。

城厢一带的馅食名店也有几家,经营羊肉包的有东门脸的恩发德、西南角的恩庆和、南市的增兴德;北门里有乡祠馄饨,小伙巷有张官羊肉包。三鲜烧麦原是一种点心,北大关的恩德元、荣业大街南口的御膳园和南市的马家馆,率先把烧麦经营成主食,遂使烧麦四远驰名。

旧租界也不乏馅食名店,如日租界的天利成包子铺,旭街鸿宾楼旧址开设的保阳馆山泉涌专卖鸭油包,旭街、芦庄子转角处的华兴楼专卖羊肉馅饼,滋味肥美,据说是仿北京的"馅饼周"。法租界有恩裕德及福记成包子铺、恩源德羊肉包子铺;连日租界旭街的日营中餐馆林风月堂,这时也打起包子的招牌——林风月堂包子铺。

20世纪20年代,久居天津的涿州人、已故南开大学图书馆馆长冯文潜的族兄冯文洵写过一首《竹枝词》:"包子调和小亦香,狗都不理反名扬。莫夸近日林风月,南阁张官久擅长。"言简意赅,把前文提到的几家包子铺都网罗了进去。

流传至今的馅食传统名馆,最具代表性的当推天津清真水饺"白记饺子"。清光绪十六年(1890),天津人白兴恒在鸟市卖蒸食,取名"白记蒸食铺",买卖兴隆。1926年,白文华继承父业,在原素包、素饺的基础上,推出了西葫芦羊肉水饺和三鲜馅水饺等品种。特别是西葫芦羊肉水饺,口味独到,风格独具,极负盛名,遂改字号为"白记饺子铺"。白家第三代白成桐弘扬祖传技艺,保持了皮薄馅大,每两八个的特点,和面软中有硬,馅料实而不死,肥而不腻,饺子挺而不僵、松而不澥、饺子小边不开口不破肚,没有阴阳面,久放不变形。特别在选料上,严格把关,牛羊肉肥瘦适中,冬季是肥四瘦六,夏季是肥二瘦八;肉菜辅料合理搭配,保持营养成分和纯天然美味,清香适口,久食不腻,易于消化。后又开发出牛肉洋葱馅、牛肉茴香馅、羊肉冬瓜馅、羊肉香菜馅、鸡茸馅、海鲜馅、香菇素馅、全素馅、香椿鸡蛋馅等,满足食客各种需求,使之大饱口福。外地美食家赠联:"清香味美足盖津门三绝,热情周到勤恳誉满华夏。"

汉族居民饺子品种多,馅料异彩纷呈。"天津百饺园"就有十大类二百二十九个品种,被列入上海吉尼斯世界纪录。2005年11月21日,随布什总统访问中国的美国第一夫人劳拉女士在美国驻华大使馆大使的陪同下,来到天津百饺园北京西单店就餐。餐后,劳拉表示,中国的水饺非常好吃,中国的餐饮文化给其留下了深刻的印象,并感谢天津百饺园的盛情款待。由此,天津百饺园推出"布什菜单"以飨喜食天津饺子的食客。热菜:无锡酱排骨、爆炒野山菌、酱爆核桃鸡、松仁玉米、白果百合、清炒豆苗。水饺:猪肉山野菜、猪肉芹菜、猪肉青椒、西红柿鸡蛋、鲜虾、羊肉香菜、猪肉豆角、猪肉茴香、猪肉胡萝卜、全素馅。百饺园,为天津饺子扬名立万。

天津名馆"蓬英楼"的鲅鱼馅饺子被天津市和平区列为非物质文

化遗产，是天津饺子中的精品。蓬英楼，解放前字号为"一分利"，由张良洲、王德林等六个山东人合股干起了的小买卖。其主打"鲅鱼馅饺子"，选用山东胶东湾捕捞的五斤左右的燕鲅鱼，去皮、去骨、去头、去刺后剁茸，与猪托泥肉相配成馅，包制成形如元宝状，皮薄馅大，口感松软，味道鲜美。喜吃海味的天津人，趋之若鹜，以吃鲅鱼馅饺子为乐事。

馅食文化近年在天津得到了充分的弘扬和彰显。近年来，有关部门又举办首届馅食文化节，这对弘扬天津餐饮文化的深厚底蕴，无疑是个有力的促进。

正月十五闹元宵

正月十五吃元宵是全体华人的习俗，天津也不例外。但天津人从来不会把元宵当正餐主食吃。元宵，在天津人眼里就是小吃，休闲食品，小玩意儿，正月十五吃元宵，不过是应景而已。

人们习惯于利用春节食品之名谐音图吉利，以强化节日的喜庆气氛，例如：苹果（谐音"阖家平安"）、柑橘（谐音"甘甜吉利"）、年糕（谐音"年年高升"）、汤圆（谐音"团圆、圆满"）、鱼（谐音"年年有余"）、核桃（谐音"和和气气"）、芫荽（谐音"延岁"即"长寿延年"）、发菜（"发状念珠藻"，谐音"发财"）等等。元宵形如圆月，所以还有元宵、汤圆、汤团、团子等别称。元宵的"元"与"上元"之"元"紧密联系。关于元宵名称，有一则与袁世凯有关的故事。据说民国年间，时任大总统的袁世凯觉得元宵和"袁消"同音，很不吉利，所以下令称"汤圆"。然而，民意难违，袁某人只做了八十三天皇帝梦，该消还是消了。天津人对元宵和汤圆称谓的区别，另有一讲：滚粉的为"元宵"，手工包制的为"汤圆"，即"摇元宵，包汤圆"。

食元宵是从唐代开始的。据载，唐代的元宵以面包枣，用手挤丸子似的挤入汤锅中煮熟，捞出放在井水中浸凉，然后再放入油锅中煎炸。宋代人改食圆子，当时有乳糖圆子、澄沙圆子、珍珠圆子、山药圆子等名目，与今之元宵已无二致。《明宫史》记载："其制法用糯米细面，内用核桃仁、白糖、玫瑰为馅，洒水滚成，如核桃大。"今天的元宵因所包馅料的不同，分出香、辣、甜、酸、咸五味，元宵皮除了江米面之外，还有黏高粱面、黄米面等。形制上，有大如核桃的元宵，也有小似黄豆的百子元宵。元宵节吃元宵，与中秋节吃月饼同一用意，取意在于阖家团圆、和睦，表示在新的一年里幸福康乐的心愿；而送亲朋元宵，则是借以表示百事顺遂圆满的祝愿。

过去，天津人正月十五吃的元宵，有糯米面和高粱面两种。天津话称之津"江米面"和"黍米面"，点心铺出售的是糯米面的。元宵馅的品种很多，有豆沙、芝麻、桂花、什锦、枣泥、山楂、白糖等数十种，故称什锦元宵。制作时用笸箕摇制，煮熟后松软可口。一般家庭自制都是高粱面的，是包糖馅后用手抟成，煮熟后略显硬实。煮元宵不能着急，有一定的技术性。元宵下到沸水里后先用急火，后改慢火，而且要不时往锅里添加凉水"激"之，水分缓慢渗入，使元宵馅儿松软融化，漂浮在水面上，个儿也越煮越大，便可食用。

天津元宵制作比较传统，无论回族汉族，均采用滚粉式。人们一看到包裹式的元宵，就知道这是南方过来的汤圆，比如宁波汤圆。天津人吃元宵，都从糕点店里买。不像南方人自己动手，像北方人包饺子一样包制汤圆。

俗话说：元宵好吃馅难打。摇制元宵很辛苦，是件力气活，可制馅打馅的手艺难度更高。打馅有专门模具，四根厚度2厘米的长木条，卡成40厘米见方的模具，将搓好拌匀的馅料倒入模具内，用擀面杖擀平，再用木槌砸实，故称"打馅"。去掉模具后，用刀将馅料切成大小均等的正方形。晾一晾，使之变硬。否则，摇制元宵"过水"时，糖遇水易化，元宵就难以成形了。遇到这种情况，摇元宵师傅手艺再高，也枉然。

滚粉式元宵制作已用机械代劳，但几经改进：先在摇元宵的笸箩下安滚珠轴承，后用电动机械摇臂，效果均不理想。最后，仿效制药厂转动式摇丸机，才大功告成。过去制作元宵，完全是手工摇制。直径一米多的大笸箩，放入干江米面和打制好断成方块形的馅料。摇制师傅双手揪住笸箩的边口，通过腰背用力，将笸箩一端提起，另一端支在案板上，然后将笸箩推向前方，再拉回。往复循环，使馅料在笸箩里滚动起来。几小翻后大翻一次，将下面的元宵翻上来。摇制期间，还将半成品元宵浸水三四次，使之不断沾上江米粉，使元宵大小、重量达到规定标准。

滚粉式元宵的标准是，大小一致，重量一致，每五百克江米粉出三十个元宵。否则，不是机械有问题，就是师傅手"潮"，手艺不到家。过去的元宵店铺既卖生元宵，也卖熟元宵。20世纪70年代末，和平路北头的桂顺斋有两个店铺，路东的卖糕点、生元宵；路西的店铺卖熟元宵，每年10月初开灶售卖至转年正月末。在不远处的多伦道和辽宁路交口，还有一家小吃店，一年四季专卖熟元宵和油茶面。

那年正月十五中午午饭时间，一哥们儿神秘兮兮地说："带你去吃一样东西，包你满意。"中午，从工厂溜出，直奔海河对面的和平路桂顺斋。吃饭时间，桂顺斋周围的居民和企事业单位员工将店堂挤得水泄不通，人们排成长队，等着取煮熟的元宵。两口大锅煮元宵，圆圆白白的元宵随着沸水上下翻滚，热气弥漫。师傅不停地往锅里砸凉水，锅内清水已熬成稀汤粥。熟元宵九分钱一两，一两三个，有红糖、白糖桂花、红果、甜咸四种馅料。我吃了十九个，感到撑得慌，但那位哥们儿一口气吃了二十九个，令我咋舌！但他说："这算嘛？我最高纪录：一次吃三十六个。"令人遗憾的是，现在走遍天津城，也没有卖熟元宵的了。

也有居家包元宵的。一博友回忆老南市过正月十五的情景："南市人家吃的元宵大多为自己制作，偶尔买上十个二十个的也是为了尝个新鲜。南市人家自制的元宵，皮儿是秫米面（高粱面）的，馅儿分红糖的和豆沙的两种，一般用手抟（团）成，无论是色泽还是形状，都不如糕点店的好，煮熟后也略显硬实一些。做好元宵之后，家庭主妇们还要把剩余的豆馅、砂糖与面粉混在一起做馅，蒸一锅'小蒸饼儿'，作为当晚团圆饭的主食。晚上六点多钟，有人在院子里和胡同中燃放起了鞭炮。吃团圆饭的时候到了。此时，家中的最长者操持着撤掉供桌上的供品和摆放在各处的小刺猬、小老鼠，然后率一家人来到供桌（供台）前，燃烛、焚香、供奉煮熟的元宵，同时主持一家人向先人的影像行叩拜礼。礼毕，撤下元宵回锅煮热由全家分吃，南市人家将此举谓之'吃供尖'。之后，一家人围坐圆桌前吃团圆饭。除了春节特意留出来的酒、菜外，主食为自制元宵、三鲜饺子、豆馅面食等等。热闹程度不亚于三十儿晚上的'年夜饭'。"

相声大师、老天津卫马三立有一脍炙人口的名段《吃汤圆》，讲述孔夫子带子路、颜回在陈国吃元宵的故事："茶食店，点心铺。这点心铺，五月节，卖粽子；八月节，卖月饼；正月十五卖元宵。卖元宵卖熟的。屋里摆几个桌子，带卖座；门口摆个大锅，现煮现卖。买生的也行，买熟的也行。买熟的屋里吃。门口有牌子，灰纸写黑字，写的价目表，写元宵的价钱，写：江米元宵，桂花果馅，一文钱一个。呵，个儿还真不小。真是个儿又大，馅儿又好，准是面儿又黏，馅儿又甜，就是好！"这段相声属于荒诞喜剧、黑色幽默，但的确是元宵市场的真实写照。

天津元宵有回汉之分，主要区别在馅料。清真元宵以老字号桂顺斋为首，传统口味馅料，以鲜果馅取胜。红果、菠萝、橘子、香蕉、枣泥、苹果、黑芝麻、玫瑰、青梅、桂花、豆沙等元宵品种行销几十年，为津门回汉族民众之首选。

近十几年来，大桥道糕点公司生产的新式口味元宵，异军突起，令人刮目相看。它借鉴并吸收南方汤圆以及月饼馅料的品类特点，创制出巧克力、咖啡、黑芝麻、白芝麻、黄油、松子、果仁、桃仁、五仁、葡萄干、鲜枣、杏脯、苹果脯等馅料，在汉族食客中占有一定市场。

在此还要补叙一个旧习俗：天津居民在正月十四就忙活起来，和面蒸制"刺猬老鼠"。刺猬的周身剪出细三角尖儿，以高粱米作眼。老鼠则剪出四足和长尾，用黑豆作眼。刺猬、老鼠的脊背上和木锨头上堆着面做的元宝，两种为一对，分别摆放窗台角、门墩、厨房的灶台角处，头朝外。转天十五的下午，把各处摆放的刺猬、老鼠头由向外转向屋内，以示把财宝驮回家中。至于神像前、祖先牌位前和灶王神像前所供的刺猬老鼠则不转动。十五晚间天黑后，撤下供品及各种摆放的刺猬老鼠，由家中男性家长主持祭拜，长香，供煮熟的元宵，全家男女老少叩拜尽礼,燃烛焚香焚黄钱,放鞭炮。香尽撤下元宵回锅煮热由全家分吃,谓"吃供尖"。吃供尖后正式吃晚饭,平时分家单过或者外出工作的,都要凑齐集中在家长的住处吃。大街上则处处张灯结彩,燃放烟火,热闹非凡。

焖子烙饼炒鸡蛋

全球华人都过二月二，天津人也不例外。二月二是"龙抬头"的日子。"二月二，龙抬头；大仓满，小仓流。"人们期盼着一年风调雨顺，五谷丰登。现在好像已经不算什么大节日了。特别是，在天津这样的商业城市，人们只知道，今天该吃烙饼炒鸡蛋，男人该理发了。

"龙抬头"古代称为中和节、春龙节、春耕节、农头节，有说大约从唐朝开始，中国人就有过二月二的习俗了。农历二月初二是二十四节气的"惊蛰"前后，"惊蛰一犁土，春分地气通"。蛰伏在泥土或洞穴里的昆虫蛇兽，将从冬眠中苏醒。俗话说："二月二，龙抬头，蝎子、蜈蚣都露头。"此时，我国大部分地区受季风气候影响，温度回升，大地开始解冻，日照时数增加，天气逐渐转暖，春回大地，万物复苏，雨水也逐渐增多，光、温、水条件已能满足农作物的生长。农民告别农闲，开始下地劳作了。

二月二这天的另一项活动是皇帝耕田。为了动员人们赶快投入春耕生产，别误农时，二月二这天皇帝要象征性地率百官出宫到他的"一亩三分地"耕地松土。明朝和清朝前期的帝王每年二月二，都要到先农坛内耕地松土，从清朝雍正皇帝开始，每年的二月二这天改为出圆明园，到"一亩园"（今海淀圆明园西侧）扶犁耕田。过去曾有一幅年画叫《皇帝耕田图》，画中是一个头戴王冠、身穿龙袍的皇帝正手扶犁耙耕田，身后跟着一位大臣，一手提着竹篮，一手在撒种，牵牛的是一位身穿长袍的七品县官，远处是挑篮送饭的皇后和宫女。画上还题了一首打油诗："二月二，龙抬头，天子耕地臣赶牛，正宫娘娘来送饭，当朝大臣把种丢，春耕夏耘率天下，五谷丰登太平秋。"这幅画也说明人们希望有一个开明的皇帝，能够亲自春耕夏耘，使老百姓丰衣足食。

俗话说"龙不抬头天不下雨"。龙是祥瑞之物，和风化雨的主宰。"春雨贵如油"，人们祈望龙抬头兴云布雨，滋润万物。惊蛰前后，百虫蠢动，疫病易生，古代中国人把生物分成毛虫、羽虫、介虫、鳞虫和人类五大类。龙是鳞虫之长，龙出则百虫伏藏。所以，农历二月初二龙抬头，是希望借龙威以慑服蠢蠢欲动的虫子，目的在于祈求农业丰收与人畜平安。

北方人在二月二饮食上有一定的讲究，因为人们相信"龙威大发"，就会风调雨顺，才能五谷丰登，所以这一天的饮食多以龙为名。吃春饼名叫"吃龙鳞"，吃面条叫"扶龙须"，吃米饭叫"吃龙子"；吃元宵叫"吃龙眼"，而吃饺子则叫"吃龙耳"。这一切都是为了唤醒龙王，祈求龙王保佑一年风调雨顺，获得好收成。

天津人过二月二有什么讲究？二月二这一天，家家户户煎焖子，炒鸡蛋，炒合菜，炒豆芽菜，喝绿豆稀饭。

一般情况下，将街上买来的焖子切麻将牌大小菱形块，铁铛置于小火上，打底油，将焖子煎至两面见黄嘎，铲入盘内，淋上调好的芝麻酱、蒜泥。也有人家放酱油、醋，调节味道。也有放一点虾油的，吃到嘴里酸、香、辣、咸、鲜，五味俱全。不知道天津以外的地方是否也这样吃煎焖子。

烙饼炒鸡蛋。天津习俗，正月不吃烙饼，因为怕翻个，怕折腾。所以，到了二月二，讲究实惠的天津人，借吃春饼之名，用老百姓最喜闻乐见的家常大饼取代春饼。炒鸡蛋，通常有三种吃法：鸡蛋中放葱花，葱花炒鸡蛋；鸡蛋中放一指宽韭菜段，韭菜炒鸡蛋；鸡蛋中放一指宽韭黄段，韭黄炒鸡蛋。最讲究的是香椿芽炒鸡蛋和面鱼炒鸡蛋。有早上市的香椿芽、面鱼，便成了稀罕物，最为抢手，但也确实很是难得一见。

炒合菜，掐菜（也称"绿豆芽菜""豆芽菜"）掐去根须和豆帽，韭菜或韭黄切三指宽段，面筋、香干、胡萝卜切丝，鸡蛋摊薄饼改刀切丝；炒勺打底油，葱花、姜末炝锅，放入原料、料酒、盐、少许醋，煸炒，翻勺，出锅。二月二的通常吃法也是夹在大饼中吃。因为，二月二不吃米饭。

绿豆大米稀饭收底，干稀结合。天津人俗称"灌缝儿""溜缝儿"。

我们家的焖子都是由妈妈自行制作。因为，二月初三是姥姥生日，妈妈在二月初一就将焖子提前一天做好，不误赶回北京通州老家。妈妈做焖子用绿豆淀粉，先是用铁锅把清水烧开后加入适量明矾溶化，然后把绿豆淀粉搅成稠粥状的糊倒入开水锅内，熬至糊黏稠，倒出盛盆，冷却后自然凝固成焖子；再把焖子泡入凉开水中，留待转天食用。妈妈每逢此时,总是念叨:煎焖子,煎焖子,煎死闷死一切害人虫。这也许是煎焖子的一个理由吧。

聪明的天津百姓,过节不忘养生,煎焖子用绿豆焖子,炒豆芽菜用绿豆发的豆芽,加上绿豆大米熬的绿豆稀饭,把解毒去秽的绿豆用到极致,把一冬天积攒在人体里的毒素排出体外。

五月端阳米面粽

五月节，也称"端阳节""端午节"。

记得小时候，每逢农历五月初五，晨曦微启，妈妈便揉着微微肿胀的眼睛，拍打炕沿，嘴里叨叨着："捶、捶、捶炕沿，蝎子蚰蜒不见面；捶、捶、捶炕头，长虫蜈蚣没有喽；捶、捶、捶炕帮，蝎子蚰蜒一扫光；捶、捶、捶炕腰，长虫蜈蚣往外跑。"

"起床啦！起床啦！"我们从甜甜睡梦中醒来，洗漱完毕，第一件事就是直奔厨房。不用问，厨房案几上必定有一口大大的蒸锅，蒸锅内用清水泡着蒸煮好的粽子，系红绳的是红豆馅的，系白绳的是小枣的。香甜在儿女的嘴里，蜜甜在妈妈的心里。这是每逢五月节清晨，天津卫每家每户都会上演的一幕。

嘴里吃着粽子，心里想着妈妈前一晚包粽子的情景。

五月初四的晚饭后，一切收拾停当，妈妈开始准备包粽子的原材料。先泡江米（要泡三个小时以上）、泡枣、泡线绳；再把早晨泡上的红小豆沥干、蒸煮，与红糖糗成豆馅；然后，将苇叶放入开水中煮透（煮的时间越长，苇叶越清香）。一切准备妥当，已进五月初五子时。妈妈先从盆里捞出两片粽叶，十个手指轻拧几下，卷成一个锥形筒，抓一小把江米，放上三五颗小枣（或者放一团豆馅），再抓一把米填满苇筒，折过粽叶封顶后，一只手攥着粽子，一手牵过事先咬在嘴上的棉线绳儿，棉线绳在粽子上绕一圈，拿粽子的手和咬绳子的牙同时向反方向用力，随后用手一转，结绳系扣，捆紧，再用剪刀将线绳剪断，一个四角形的粽子在妈妈的手中包好了。将包好的粽子放入平时蒸米饭用的大蒸锅内，用石板压实，加清水至略微淹没粽子，煮两个小时后，换凉开水拔凉。妈妈辛苦大半夜，还要为我们叫早。我们从清水中捞出的粽子尚有余温。

天津的粽子，不像江南的粽子馅料多样，一般分为两种，一是小枣的，一是豆馅的。如果是小枣馅的，要用山东乐陵的红枣（乐陵小枣的特点是枣核极小而甜度高。只有一年，因为中国与伊拉克的关系，家家用上伊拉克蜜枣）；如果是豆馅的，要用天津河北御河边种植的新鲜的红小豆，且多为自己用红糖（那年头多用古巴糖）糗制。包粽子的叶子有竹叶，也有苇叶；用竹叶包出来的粽子有一种特殊的清香，只是这种竹叶产于南方不可多得，所以天津人多用产自白洋淀芦苇荡的芦苇叶。

最具天津特色的粽子，是五月节晚上吃饭时必上的一道甜点——炉食粽子。

五月节不是互道"快乐"的节日，但一家团圆聚会，道一声"珍重"，还是应该的。阖家聚会之时，少不了设宴摆席。凉菜是：素什锦、松花蛋、海蜇皮、酱牛腱。应时到节的河海两鲜必不可少，家熬噘嘴鲢子煨水疙头、酿馅鲫鱼煨旱萝卜、红烧黄花鱼、鲤鱼两吃、炸河虾、西红柿炒鸡蛋、香菇鸡丝，必不可少的是四喜丸子、扒肉条，最后是压轴大戏——渤海湾梭子大海螃蟹。天津人很少喝黄酒，即便是五月节，也是用直沽高粱侍候。主食别有特色——粽叶白米饭，就是将包粽子剩下的粽叶铺在米饭盆的底部，放米、放水蒸制。随着米饭的逐渐成熟，特殊的粽子味满室飘香。

酒足饭饱，桌边唠嗑。三道甜点上桌。

打头第一道——炉食粽子。这粽子，普通家庭制作不了，需到祥德斋、一品香、四远香等老号大店去买。制作炉食粽子，要经过酥面、子面、制馅、包制、上炉五道工序。只一个上炉，家里就不具备电烤炉设备，即使是老式炉法，使用铁铛，其火候的掌控，非行家里手难以企及。炉食粽子有玫瑰、山楂、澄沙、枣泥、瓜条、桃仁、蜜枣、元肉等各种馅料。面皮起酥，馅料香甜。虽是应节食品，确也是糕点中的精品。是当时当季馈送至爱亲朋的首选礼品。

第二道是蒸食，俗称的"面粽"，以南门外鱼市西的"杜称奇蒸食铺"所制的最为出名。以红、白糖馅为主，配以青丝、玫瑰、桂花，用白面做皮蒸制而成。面粽的蒸制也要有一套过硬的技术，须将面发酵得软硬适度，蒸熟后不酸不黏；馅做得稀稠得当，吃时不溢不流。是天津独有的五月节应节美食。

第三道是"五毒糕"，以吉豆（绿豆）为主料，白糖、青梅、桃仁、桂花酱为辅料，制作方法类似糕干。香甜爽口，绿豆香浓郁，解毒祛热。特别受儿童和老人喜爱。因为是应节食品，也称为"端阳糕"。

民国诗人冯文洵《丙寅天津竹枝词》写道："门悬蒲艾饰端阳，九子盘堆角黍香。更为儿童避虫蚁，额间王字抹雄黄。""下绷收拾绣鸳鸯，节近天中分外忙。五色丝悬长命缕，葫芦样检女儿箱。"真实地描述了旧时天津人过端午节的情景。

最后，说点题外话。说到五月节，就不得不提"赛龙舟"。每逢五月初五，三岔河口都要举行龙舟赛。天津卫的赛龙舟活动起源于清代乾隆时期。据说，有一年乾隆爷下江南路过天津时适逢端午，地方官员便令船家仿照江南赛龙舟之法，举办龙舟竞渡活动。那时，参与竞渡的人员均为梨园中善武技者，他们身着彩衣，在悬置在龙舟上的皮条、秋千上表演腾飞、飞转等高难动作。乾隆爷看了十分高兴，遂赏马蹄金十锭、黄带子十根，并赐"奉旨竞渡"匾。从此以后，天津卫便有了端午竞渡的习俗。清道光文人麟庆《鸿雪因缘图记》："在三岔河口两岸迤北有望海楼……余过楼下，见龙舟旗帜翱翔，游舫笙歌来往，虽稍逊吴楚之风华，而亦饶存竞渡遗意。"后来，因为每年的竞渡中都有人员溺水丧生的事故发生，官府于光绪十六年（1890）下令禁止了这项活动。新中国成立后，恢复了龙舟赛，加游泳比赛，实际上是体育竞技活动。"文革"期间中断，改革开放后再次恢复，但盛况大不如前了。

中秋月饼家常烙

八月十五中秋佳节,家家吃月饼。清人李静山的《增补都门杂咏·月饼》描述了北京人过中秋送月饼的景象:"红白翻毛制造精,中秋送礼遍都城。论斤成套多低货,馅少皮干大半生。"亦庄亦谐地写到中秋节寻常百姓人家为人情往来,送的多是廉价月饼,有的可能还几经转手,弄得月饼皮都干了。虽有对人情世故的感叹,但也表露出礼尚往来的款款真情。

"八月十五月正圆,中秋月饼香又甜"。天津人也不例外,适逢佳节,总要有月饼点缀。天津月饼承袭京式月饼,多用素油,为素馅,口味清甜,松软适口。1898年,羊城归客撰写《津门纪略》,其中食品门著名食物中记载"月饼:胜兰斋,在毛贾伙巷",其制作的自来白、自来红、翻毛、提浆等各式月饼,广受欢迎。后来的祥德斋、桂顺斋、四远香都有月饼供应。近几年红遍津城的回族居民的白乡佬糕点店和汉族居民的欣乐糕点店，每逢中秋节，专门制售天津传统香油月饼。新鲜出炉的月饼香油味道浓郁，引人争购，供不应求，以致早晚排队几十米，盛况空前，成为津门一景。欣乐月饼品种齐全，传统的五仁月饼、榛仁月饼、桃仁月饼、松仁月饼、西沙月饼、红果月饼，枣泥月饼、精制玫瑰月饼、香油百果月饼、双面麻饼椒盐月饼、改良西沙月饼、改良枣泥月饼、改良红果月饼等，开发新品种有椰蓉月饼、凤梨月饼、水蜜桃月饼、精制果肉月饼、莲蓉提子月饼、龙形杏肉月饼、蓝莓月饼、蔓越莓月饼、巧克力榛仁月饼、二百五十克工艺月饼、五百克工艺月饼、一千五百克精制香油百果大月饼。可谓琳琅满目，目不暇给。

2011年中秋节前一天，我为拙作《这是天津味儿》进京拜访红学大家、天津老乡周汝昌先生。行前，征求老先生意见，捎带什么天津特产。老先生指名要吃天津传统的香油月饼。老先生双目失明，但嗅觉灵敏。我们未及进屋，老先生已是迫不及待地说："香油月饼来了！"乡情、亲情溢于言表。

香油果馅月饼的制作方法沿袭了清宫御点，原料配方是，皮料使用特制粉、白砂糖、饴糖、食用油、鸡蛋等，馅料用熟标准面粉、绵白糖、香油、果油、蜂蜜、核桃仁、芝麻仁、金糕、瓜条、青梅、果脯、玫瑰、青红丝、桂花酱等。提前一二天把皮料用的白砂糖以5:2的比例放入水中文火熬制，待充分溶解后，过滤掉糖浆中的杂质，再加入适量的饴糖熬制。要求糖浆转化充分，温度达到105℃左右。调制面团：待糖浆温度降至42℃时，倒入鸡蛋搅成乳状液，再倒入食油搅打至均匀，与面和透，使成品细润，增加面团的可塑性和滋润程度，制成软硬适度的月饼皮料。制馅：将绵白糖和蜂蜜、油等混合搅打，使白糖颗粒充分溶化，再倒入果料进一步混合，最后加入面粉充分搅拌。调馅中切不可加水。包馅：按皮占60%、馅占40%进行包制。包好的生坯放在模子内，按平，磕模成型。成型速度要快。烤制：将半成品放入烤盘，入炉，炉温240℃，烤制九至十分钟便可。成品表面色泽呈深麦黄色，底面为棕黄色，墙为乳白色。扁圆形，磕模平整，花纹清晰，刷蛋液均匀。馅心细密，不空膛，不生心，无杂质。口感松软绵润，浓郁的香油味中，伴有多种果仁、果脯香味。传统包装使用草纸，月饼含油量大，油透纸背。人们往往以此判断，商家投料是否大方诚实，口碑由此而生。

每逢中秋，中式糕点店在保持传统月饼品种的基础上，不断创新，馅料出奇制胜，新品层出不穷。而西式糕点店，也加入战团，充分发挥西点特长，咖啡、巧克力月饼填补新口味，甚至，冰淇淋也制成月饼，供应市场。日新月异，新品百出。我还是怀恋爷爷自制的家常月饼。

1978年初，将我一手带大的奶奶过世了。心灵手巧的爷爷变着花样地给我们做饭炒菜，以此抚慰我们对奶奶的怀恋。又到中秋节，我们望着家里大大小小各式花样的月饼模子，想着奶奶做月饼的情景。爷爷看出了我们的心思，默默地准备各种做月饼的物料。中午吃完饭，爷爷先将面粉在微热的铁锅里慢慢翻炒，直至面粉微微泛黄，面香盈室，放入盐、糖、瓜子仁、芝麻仁、花生碎、青红丝、葡萄干、桂花酱，和成鲜甜可口的酥面料。和面、烫面。傍晚时分，下剂，擀面皮，包入酥面料，团成小圆饼，压入月饼模子。一个个月饼生坯子摆满案板。炉子上垫一层烧乏了的煤球，放上烙饼的铁铛，开始烙制家常月饼。烙月饼，比烙饼用功夫长。调整炉火，不疾不徐。轻轻翻转月饼，待两面微黄，再竖起，烤烙月饼边墙。第一锅烙完，我们便迫不及待地捧起热乎乎烫手的月饼，一口咬将下去，一丝咸，一丝甜，一丝桂花香，一丝芝麻香，伴着热气，直冲心脾。当晚，我上夜班，爷爷特意拿出十几个月饼让我带上，给同事们尝尝。月挂中天，我和同事们伴着轰鸣的机器声，品尝着爷爷烙制的家常月饼，个个竖起大拇指说好。以至几十年后，遇上当年一起上夜班、一起品尝家常月饼的同事，还念念不忘那美好的夜晚、美味的家常月饼。

经济发达了，市场左右着我们的生活。脚步匆匆，无暇烙制家常月饼。买一个最爱的月饼，寄托亲情，寄托相思，寄托中秋节的味道。

清真教席享津门

清真菜是天津菜的重要组成部分。天津菜由汉民菜、清真菜和小吃三部分组成，这已是天津餐饮界的基本共识。往昔天津餐饮的鼎盛时期，代表汉族居民的著名菜馆有"八大成"，而代表回族居民的著名菜馆有庆兴楼、鸿宾楼、长春楼、会芳楼、宾宴楼、会宾楼、同庆楼、大观楼、迎宾楼、富贵楼、畅宾楼、燕春楼，号"十二楼"。这些清真大馆，既做全羊大菜也烹制河海两鲜。店门外均挂有"包办教席，全羊大菜"的招牌。普通名菜有红炖鱼翅、一品官燕、烧大乌参、高丽银鱼、清蒸鲥鱼、罾蹦鲤鱼、清炒虾仁、煎烹大虾、烩鸭条、芙蓉鸡片等等。创建于清朝咸丰三年（1853）的鸿宾楼位列"十二楼"之首。清真宴席的头牌大菜"扒海羊"，即出自鸿宾楼名厨之手。1955年，周恩来总理亲点鸿宾楼迁往北京，代表国家接待伊斯兰国家的穆斯林贵宾。被美食家、穆斯林和社会各界誉为"京城清真餐饮第一楼"，足见其清真菜的水平与功力，也彰显了天津清真菜在全国烹饪饮食业界中的地位。1963年春节，郭沫若先生为饭庄题写了牌匾，并即席作藏头诗："鸿雁来时风送暖，宾朋满座劝加餐，楼头赤帜红于火，好汉从来不畏难。"褒赞"鸿宾楼"。

历史上的天津清真馆分为三种类型，第一类为羊肉馆，是经营规模较大、殿堂幽雅、菜品考究的高档饭庄，如上所述的"十二楼"。第二类是牛肉馆，这类饭馆规模适中，经营牛羊肉、河海两鲜为主要原料的菜品，烹制的菜肴以爆、炒、熘、炖、烩、烧见长，主要菜品有：清炖牛肉、油爆肚仁、芫爆散旦、烩羊尾、烧牛舌尾、它似蜜、烹蹄筋、羊三样等，口味鲜美各异，广为流传至今。清代咸丰年间诗人周楚良作《竹枝词》形象地描述了当时的这类清真馆："熘筋独脑又爆腰，酿馅加沙炸鱼焦。羊肉不膻刘老济，河清馆靠北浮桥。"第三类是经济实惠的面食包子馆铺、饺子馆。规模较小，分布较广，除经营包子、饺子、烧卖之类的面食馅货，还经营一些简易炒菜，如砂锅牛肉、黄焖牛肉、爆三样、独面筋、葱爆肉等。菜虽简单，但仍吃的是手艺，如爆菜讲究蒜香鲜嫩、抱汁亮油，菜则讲究主料软烂、入味醇厚、明汁亮芡。另外，包子、饺子的红白馅制作也很有讲究，红馅，取牛羊肉的肥中瘦，按不同的季节搭配不同的比例，搅花椒水，选用上等酱油、香油和鸡腿葱。白馅，夏天用西葫芦，冬季要将大白菜去帮用大刀剁碎，榨出水分，做成放在手中吹似雪絮般均匀的白馅，才算得上是"师傅"的手艺。清真馆的馅子货，蒸煮的有包子、烧卖、烫面蒸饺、饺子，上铛煎烙的有回头、撩油馅饼、西葫芦羊肉馅饼等，具有清香适口、口松味浓、含汁流油的特点。清真馆不论菜品还是馅子货，都有独到的技法和鲜明的口味特征，与一般汉民馆不同，因此深受回汉群众和旅津客人的欢迎，所以在饮食行业中有"清真馆一面两吃"的说法，意指清真馆烹饪技法博采众长，可接待各种食俗的消费者。

天津清真菜的兴起与发展主要受三方面人员的影响。一是直接进入天津的穆斯林；二是北京历代王朝的清真御厨流入天津；三是从河、海两路来津的江南的穆斯林商人和清真厨师。这些厨师，既精通清真传统菜的技法，又掌握原居住地或工作地的烹饪特点。他们汇聚到天津，丰富了天津清真菜的菜品。

天津清真菜的特点主要在六个方面。一是用料广泛，天津所产鱼、虾、蟹之类食材烹饪的菜品达三千多种。二是技法全面，且有自己的特长，如勺扒为一绝；爆、炖各领风骚；独菜技法，更是天津所独有。三是口味多变，以咸鲜清淡为主，保持原料原有质地和口感，讲究软而不绵、嫩而不生、烂而不塌、脆而不艮、酥而不散。四是精于调味，严格遵守教规，不用料酒，少用酱油，以嫩糖色挂色，既保持菜品应有色泽，又不破坏其本味；清浓兼备，扒、烩、炖菜肴以甜面酱、酱豆腐调味，使菜品具有浓厚的清香气；清淡菜多用姜汁，去腥减腻。五是严格制汤，因菜施用，以保证菜肴鲜美醇厚，本味纯正。六是注重配色，以和谐悦目见长，荤素搭配，酸碱平衡，科学进食，并给食客以美的享受。

这里要特别提到一位对天津清真菜做出卓越贡献的回族烹饪大师穆祥珍。20世纪30年代，天津餐饮界推崇备至"三大名厨"，即出任过张学良时期北平市市长的周大文、评书艺术大师陈士和、南北菜精通的穆斯林穆祥珍。穆祥珍青少年时期，即在天津清真菜馆学徒，出师后南下，研习江南菜系，青年时期已跻身上海名厨之列。成家后举家返津，又专心研究天津汉民菜,将经典菜品的烹饪技法、菜型、味型引入清真馆,极大地丰富了天津清真菜,使天津清真菜名扬天下。他将全羊大菜从零散的菜谱实践成系列酒席,菜品从七十二道,发展到一百零八道,加上茶点,近一百五十款,使全羊大菜成了与满汉全席齐名的烹饪传世经典。喜爱美食的回族老俵京剧大师马连良尊称他为"穆二爷",每到天津,必邀他观看演出,并交流美食心得。另一京剧大师梅兰芳,也是穆祥珍的座上客。鸿宾楼进京,有关领导特意提出请不在鸿宾楼服务的穆祥珍必须随行,其影响力可见一斑。穆祥珍桃李满天下,徒弟红遍全国。被《人民画报》誉为"天下第一灶"的北京民族饭店行政总厨马福来,即是穆祥珍的四大高徒之一。

天津清真菜在中华料理中独树一帜,是津菜津味中的奇葩。其创新发展能力,与天津的历史文化、地理环境、市民成分、民风民俗、商业氛围密不可分。

公馆筵席私家味

天津公馆菜对津菜津味儿影响至深，是推动天津菜不断创新、不断完善、不断升华、不断发展的一股重要力量。

滥觞于晚清，极盛于民国前期的天津公馆菜，就是寓公家族开发的私家菜，堪称私家菜之翘楚。它有别于京都皇家满蒙御膳遗风的贵气，也不同于沪杭私家菜精雕细刻的小巧，而是南北交融，东西并包，雅俗共赏。从民国初年到20世纪30年代，且不说前清的王公大臣遗老遗少，单是在天津租界蛰居的北洋寓公，就有五位大总统、六位总理、十九位总长、七位省长（或省主席）、十七位督军、两位议长、两位巡阅使之多。他们来自五湖四海，带着家乡味道，形成一个特殊的饮食群体。这个实力雄厚且余威尚存的群体，借助其影响力，对天津菜形成了无法回避的冲击。可以说天津公馆菜就是在北洋寓公私家菜的基础上升华而成的。从这个意义上讲，公馆菜自然属于私房菜，但私房菜却不一定都能跻身公馆菜之列。

曾出任民国第五任大总统的曹锟,下野后寓居天津,晚年体弱多病。坤伶出身精于厨艺的四姨太刘凤玮遍访名中医,用鹿茸、牛鞭、鹿筋、西洋参配以老鸡、干贝、金华火腿等原料微火炖制养生汤,供曹锟每周食用,极具强体、益气、补肾、延年益寿功效,一时传为佳话。曹锟出身寒门,戎马生涯,为人豪爽,好交朋友,平民气派,故家中门庭若市。每有贵客来访,四姨太都亲自下厨,她的拿手菜有鸳鸯鸡粥、浇汁鳜鱼、干烧环虾、茶香熏鱼、荷香酥骨、烧四宝等。其中最享盛誉的招牌菜"四喜碗",巧借流行于天津民间的八大碗中的清蒸鸭条、虎皮扣肉、四喜丸子和清炖牛肉条,盛入四个精致的小碗内,放在带柄的精致木盒内端上餐桌,这四样天津传统家常菜,经精烹细作,色美、香溢、味醇适口,荤而不腻,化俗为雅,雅俗相济,跃入公馆珍馐极品之列,成为天津经典套菜之一。

民国第一任大总统袁世凯,在天津为官多年,也留下了很多美食记忆:清蒸鸭子、清炖肥鸭、天津烧肉、韭黄炒肉丝、鲤鱼焙面、南煎丸子、熏鱼、烧鲫鱼、鸡丝面、铁锅蛋、直隶海参。这里,既有宫廷名菜、天津传统菜,也有河南豫菜、河北保定菜。这些菜,通过他的后人在天津开办的菜馆,呈现在天津百姓面前,对天津菜也产生了一定的影响。

说到公馆菜,就不能不提名满天津餐饮界的"周家食堂"。其主人周衡在民国后曾任县长,后留学日本专攻法律。回国后,纵横天津司法界,成为红极一时的大律师。周衡好美食,太太韩若芬谙熟烹调技艺,夫妻珠联璧合,一时间,周公馆成了天津司法界和社会名流的聚集之地。1940年代末,周衡在亲友的怂恿下,放弃律师职业,开办"周家食堂"，主灶为烧得一手上乘闽菜的家厨安筱岩。周家食堂的招牌菜有"周家大排""周家鱼"，虽属南味，也成为了天津菜谱中的名菜。周家鱼的主料为活鲤，配料冬菇、冬笋、海米、金华火腿、猪网油。棉纸紧盖鱼池，上锅清蒸，以保持原味与香气。醋调姜末为蘸料，食之似蟹肉鲜香，不是蟹肉，胜似蟹肉。当年周恩来总理曾经在此设宴款待民国名将鹿钟麟；邓小平、贺龙、薄一波、蔡畅等党和国家领导人也曾到此品尝。京剧名家谭富英、张君秋、裘盛戎，以及相声大师侯宝林等文化名流都以成为周家食堂座上客为荣。梅兰芳在津演出，慕名光顾，品后连连称绝，并撰文盛赞周家鱼不同凡响的风味，一时传为美谈。

民国总理潘复也是美食大家。潘公馆极盛时期，曾有四个厨房和三十多位厨师，俨然一座饭庄。著名实业家王士明的公馆，现在改造成名菜馆"海酪园"，由王士明的公子年界八旬的王其林老先生打理，将王家私房菜倾情再现。

对天津菜贡献极大的还有张作霖张公馆、张学良少帅府以及一干东北军政大员的府邸。

张作霖虽未曾坐上大总统宝座，却也曾任中华民国陆海军大元帅，称霸一时。特别是在东北地区称王时期，府中厨房等级森严，饮宴成席。1924年，孙中山先生应段祺瑞、张作霖、冯玉祥的邀请，北上共商国是，抵达天津。第二天，孙中山先生来到张作霖的行辕天津曹家花园拜会张作霖。张举行了大型宴会，为孙中山先生接风洗尘。宴席摆凉菜四道：清蒸鹿尾、生菜龙虾、芦笋并鲍鱼、火腿并松花；上十道热菜：一品燕菜、冬笋鸡块、清汤银耳、白扒鱼翅、虾仁海参、清蒸鲥鱼、清煨萝卜干贝珠、鸽蛋烧油菜、腐竹烧鸭腰、蟹黄车轮豆腐等；主食三款：海鲜粥、寿夫人水饺、东北咸菜；最后一道甜品：木瓜芒果冰淇淋。餐罢，孙中山一再夸奖菜肴好、烹调技术高，尤其对"清煨萝卜干贝珠"这道菜更是赞赏有加，评价其"既好看又好吃，清淡可口，味美不腻"。

少帅张学良在天津更是留下许多故事。据少帅侄子张闾实介绍说，大伯张学良一辈子都爱吃大虾，有两道菜是张学良经常吃的，即"海虾片"和"大虾段"。其他常吃的家常菜有：老虎菜和酱牛腱二道凉菜；热菜有东北军伙房菜、张氏八宝酱豆、四小姐肘子、大帅黄花鱼、北平烤鸭、鸡茸豌豆、清烹虾段、开阳白菜；汤羹爱吃佛跳墙；主食是胡子土豆饼、寿夫人水饺、少帅韭菜合子；甜点有拔丝苹果和糖炒松子。晚年的张学良定居美国夏威夷，经常和全家到住处附近的海鲜阁大酒店吃饭。每一次，张学良都是先点好四道菜之后再让别人点菜。而这四道"必点菜"之中，总有一道炸虾仁。其他常点的有偏口鱼、酸沙鲤鱼和凉拌海蜇皮等等。这些菜品中，很多是天津名菜。很难说，是因为天津名菜影响了少帅口味，还是少帅提携了天津名菜。

与天津菜结下不解之缘的还有张学良的胞弟张学铭。解放后，张学铭在天津工作，是公认的美食家。20世纪20年代，登瀛楼厨师师法鲁菜，慕名少帅府的"酸辣鱼"绝技，遂恳请座上常客、与少帅府交厚的刚卸任寓居天津的北洋政府交通总长张志潭先生传授此技。有一天，张学铭也到登瀛楼吃饭，厨师献上"酸辣鱼"，张学铭吃了几口说："这是我家的菜，但味道不对。"遂指点厨师，取海河金鳞活鲤鱼宰杀拾净，加葱姜煨鱼；将白胡椒拍碎炝锅；调汁不能用普通的鸡、鸭汤，春天要吊鲥鱼汤，才能凸显醋和胡椒的酸辣口味，且胡辣不呛嘴，并将鱼鲜提到极致。如此烹调，可谓汤色乳白鲜醇，鱼肉细嫩回甜，香菜浮绿提鲜，具顺气、理中、暖胃之食效。在少帅府，这道菜的名称也不叫"酸辣鱼"，而称"醋椒鱼"。张公馆主厨丁鸿俊，后任天津名馆玉华台饭庄主灶，传授了张府的原汁鱼翅、奶油烧散旦、奶油口蘑扒白菜、烩三泥、核桃酪等许多名菜，为天津菜谱增色。1980年代初，张学铭为好友、天津名厨王钦宾手书"千元菜单"，并详细讲解烹饪要领，传为天津餐饮界的佳话。

20世纪中期，民国将军李竟荣公馆的名厨秦杰臣、马荣水，袁世凯总统府主厨王振清，民国总理潘复公馆主厨贾万俊、乔好文，四川督军府主灶华士元，近代大盐商李赞臣公馆的主厨何柱、张大，天津富商八大家之一的卞家主厨杨成等，一大批名厨走出公馆宅门，服务于天津的各大饭庄，为天津菜的发展做出了卓越的贡献。

西餐入馔津菜谱

西餐与天津有嘛关系？在外地人的脑海里，特别是北京、上海这些大都市的人，提到天津的印象，大概都是由这些记忆碎片拼凑起来的——天津有三不管儿，是卫嘴了，人人能说会道，撂地说相声，借钱吃海货。单说这天津人讲究的吃吧，似乎也没什么珍馐佳肴，煎饼馃子嘎巴菜、麻花炸糕狗不理，全都有点土得掉渣浑不吝的味道，于是一顶"码头文化"的帽子就扣在了天津卫的头上。嘴上客气点说你是很接地气，内心总不免暗含着有点鄙视你"上不得台面"。

其实，这是最典型的误读，要知道天津卫九河下梢、九国租界，嘛世面没见过？！且不说特色小吃经典大菜，就是正宗的西餐进入中国，也是首开天津。一百多年前，天津这地面上的讲究人就懂得吃正宗西餐，将刀子、叉子玩儿得滚瓜乱转。最难能可贵的是，吃罢正宗西餐的天津人，将适合天津人口味的西餐，兼收并蓄，纳入天津菜谱，成为天津菜馆中的名菜。

心酸的1900年，八国联军攻占天津。在德国兵营的伙房中，有一位曾经为德皇威廉二世服务过的御用厨师，二等兵阿尔伯特·起士林，厨艺精湛，技术全面，德、法、俄、意大菜，样样精通。据说1896年李鸿章访问德国时，起士林亲手为他做过西餐。战争结束，起士林落户天津。受直隶总督袁世凯之邀，帮厨招待各国驻津外交官，得到袁世凯赏识并赏银一百两。起士林以此为本钱，在德国人汉那根和天津买办高星桥两人的出资帮助下，在当时的法租界经营起了天津历史上第一家西餐厅——起士林西餐馆。

起士林西餐馆地道的手艺加上顾客至上的经营理念，很快就在天津享有很高的知名度。每到就餐时刻，小餐厅里往往连一个空座位都找不到，起士林更将自己的拿手菜——法式黄油焖乳鸽、德式牛扒、俄式罐焖牛肉、红菜汤……——奉献给每位食客。自此，正宗的西餐就这么进入了天津人的饮食生活。

无独有偶，清末民初，专营俄式糖果糕点的义顺和从东北请来俄式餐饮名厨，推出正宗俄式大菜，顾客盈门。1940年6月，义顺和建成四层大楼的新店开业，同时更名为"维格多利餐厅"，将天津的俄式大菜推向高峰，成为天津西餐界的魁首。但终究还是起士林的故事多，名气大。1952年，维格多利在原址并入起士林，强强联合，打造出新中国极具影响力的西餐厅。起士林餐厅推出的罐焖牛肉，在2005年国际饮食节上获十大金牌奖之一。这项菜肴是起士林货真价实的菜目，选料肥牛软肋肉，柔嫩味香。牛肉入口酥烂，汤汁鲜美。罐内配有洋葱、胡萝卜、黄油等配料。牛肉汤汁拌米饭，更为可口。

无论是起士林西餐馆,还是维格多利餐厅,他们的代表菜品如罐焖牛肉、罗宋汤、黄油乳鸽、牛扒、烤杂拌,已深入天津食客之心,为食客普遍接受。罐焖牛肉不仅出现在西餐馆,还出现在天津菜馆、清真菜馆。

餐馆中的罐焖牛肉内容丰富多彩,除西红柿、番茄酱、番茄沙司、胡萝卜、土豆、洋葱、卷心菜(圆白菜)、西芹、牛肉、香肠(红肠)、奶油、黑胡椒、糖、盐之外,还需加入白萝卜、口蘑、白菜花、豌豆、香菜、豆角、龙须菜、红枣等蔬菜。蔬菜品种尽管多,但总量不能超过牛肉。罐焖牛肉还是以牛肉为主。汤汁浓厚,肉味香醇,咸中带甜,甜中飘香,酸甜适口,肥而不腻,鲜滑爽口,令食客胃口大开。配上香喷喷的白米饭,确是人间美味。

天津百姓居家制作的罐焖牛肉,将汤少肉多的罗宋汤放进罐形容器里,改良成简易的罐焖牛肉,成为"家庭版的罐焖牛肉"。

一道西红柿炒鸡蛋,现在是中国人餐桌上寻常得不能再寻常的家常菜了。然而,一百年前的西红柿炒鸡蛋(当时称为"番茄炒鸡蛋"),却是末代皇帝溥仪钟爱的西式御膳。1925年,溥仪寓居天津静园、张园,生活开支已缩减到每年一万银元,其中的西餐"番菜膳房",月支二百一十五元。溥仪对引进的西洋蔬菜比较感兴趣,让御膳房太监改任的厨师四处打听天津菜馆中西洋菜哪一种味道好,结果西红柿炒鸡蛋被列入御膳菜谱。当时买番茄要到日本商店,价格很贵。天津厨师比照红菜汤的做法,用番茄炒鸡蛋,成为西菜改良的创新菜品。天津老百姓称西红柿为"火柿子",西红柿炒鸡蛋,也被称为"火柿子炒鸡蛋"。

自西餐传入中国,"牛扒""牛排"的菜名即应运而生。牛扒与牛排并无本质区别,天津人习惯性地认为:带骨头的是牛排,反之为牛扒。

牛排做法多种多样：有法式、英式、俄式（与德式相类似）、意式和美式等，不同之处在于酱汁配方不同，味道有异。美式牛扒与中国人饮食习惯较为接近，西餐馆多见法式和英式牛扒，以煎牛扒、黑胡椒牛扒、沙拉黑椒牛排最常见。无论何种牛扒牛排，都非常讲究火候，把握生熟程度，故有"几成熟"之说：三成熟，肉内部为桃红，热度为130℃～135℃，带有大量血水；五成熟，牛排内部为粉红，带少量血水，夹杂浅灰和棕褐色，整个牛排很烫，达140℃～145℃；七成熟，牛排内部为浅灰棕褐色，夹杂着粉红色，达150℃～155℃；全熟，肉中血水已近干，牛排内部为褐色，温度达到160℃。食客可按自身饮食习惯取舍。

在天津菜馆中，特别是清真菜馆，做牛扒的并不鲜见。由牛扒而改良的鸡扒、猪扒、鱼扒、黑椒牛柳更是普遍。甚至走上街头，与快餐小吃为伍。

有一位久居天津的民国大总统，吃西餐吃出心得，吃出名堂，他就是黎元洪。黎大总统少年时随父迁居天津北塘，毕业于北洋水师学堂，武昌起义时被推为领袖，两次出任民国大总统，晚年主要居住在天津德租界威廉街容安别墅（今解放南路268号泰达大厦址）。因患有胃病和糖尿病，医生建议他吃西餐，西餐中的蔬菜和鱼，少油、糖和脂肪，对身体健康有利。黎元洪一天的菜谱是：早点喝牛奶燕麦片粥，中午和晚饭都是西式做法的一汤、一鱼、一肉、一蔬菜，夫人则吃中餐素食；一家两制，孩子们在中、西餐中任意选择。最有意思的是，黎宅设有两大厨房，一中一西。家中备有中、西两套餐桌椅与餐具。西餐厨房的师傅由中餐大厨改任，府中管家带着到西餐厅吃西餐，边吃边问，心领神会，创造出火腿沙拉、炸猪排、奶油杂拌、奶油菜花、面包虾仁、红菜汤、鸽蛋汤、鱼翅汤等一套中式烹饪的西餐名菜，竟以此招待过美国木材大王罗伯特、英国报业巨子北岩公爵、美国钢笔大王派克、天津海关税务司德璀琳等。天津名士严范孙、卢木斋等人更是黎宅的座上常客。1926年，世界青年会组织代表来津，约有两千人，黎元洪热情接待，并为每人备一份西式茶点。有一年，孙中山来天津与段祺瑞、张作霖商谈国事，黎元洪在家中摆西餐宴请，孙因病未到，由宋庆龄带随员赴宴。餐罢，十分熟悉西餐的宋庆龄，对黎宅菜式大加赞赏。可见，黎宅的西餐厨师技艺之高超。此事经当时各大小报纸宣传，竟有许多天津菜馆的师傅前往求教，将菜品引进天津菜馆。

西食东进，罐焖牛肉等西式大餐走进津门百姓家。天津爷们儿认了它，就像领养孩子视同己出一样，西餐也就有了天津味儿。

素菜馆里素菜宴

说到天津味儿，就不能不说素菜。素菜、素席是天津菜的重要组成部分，已传承百年。天津近代教育家林墨青倡导素食，文人学者，翕然从立。光绪三十二年（1906），由天津人张雨田携子张鸿林创办的"真素楼"，在天津当时最繁华的商贸区大胡同开业，开天津素餐风气之先。真素楼的匾额为天津近代教育家、书法家严范孙所题，并题联："真是情的元素，素乃谓之本真。"店堂还有近代名人邓庆澜题联："真是六根清净，素无半点尘埃。"大书法家华世奎题联："味甘腴见真德性，数晨夕有素心人。"一时间，文人墨客纷纷光顾真素楼，使其名声大噪，门庭若市。

20世纪30年代是天津素餐馆发展的鼎盛期。除真素楼外，六味斋、藏素园、素香馆、素香斋、蔬香园、长素园、真素园等遍布津城，至于无名小素餐馆为数更多。天津"八大家"之一的李善人，常年吃素，在南市开设"蔬香馆",一些议员聚会也云集于此,使素餐名声远播。素餐的兴盛,为天津餐饮业,为天津菜注入了一股非常强劲的活力。烹饪名师们经精心研究,开发出几百款佳蔬精菜,可谓琳琅满目,风味非凡。著名素菜品有:香辣鸡丁、熘鸡肝卷、炒酱鸡、黄焖鸡、糖醋素鹅、八宝整鸭、黄焖鸭条、腐乳扣肉、南煎丸子、红烧狮子头、扒肘子、烧三丝、素酱肉、酱牛肉、炒鳝鱼丝、扒素鱼翅、扒海参、桂花干贝……不胜枚举。这些素餐馆除经营便餐外,还包办普通素席、燕翅素席、鸭翅素席、海参素席等,另有外送或外会(即外做)的素菜酒席处。就连著名的天津八大碗席面,也推出了素八大碗:独面筋、炸汤圆、素杂烩、炸饹馇、烩素帽、烩鲜蘑、炸素鹅脖、素烧茄子等。

素鸡不是鸡,素肉亦非肉,主料实为豆制品或面制品,但色味形意与鸡和肉别无二致,其玄妙在于"素"字。素馔以黄豆为主料,加工成千张、素鸡、香干、豆腐、腐竹、面筋等,以山药、玉兰片、香菇(各种蘑菇)、木耳、发菜、黄花菜、莲子等为辅料,配以应时鲜蔬,精心烹制而成。素菜"三鲜"即蘑菇(各种菌菇)、笋(玉兰片)和豆芽。

素酱肉以烤麸为"瘦肉",以熟山药为"肥肉"。将生面筋切成大斜象眼块,放在升水锅中,边煮边推搅,待面筋浮起后,改用微火煮透,捞入凉水中,挤干水分,撕成一寸大的块。再放入八成热的油中,炸成浅黄色,制成"瘦肉"。将熟山药用刀抹成细泥,加入干淀粉、芝麻油、糖、盐拌匀,即成"肥肉"。山药泥渗入糖色搅成酱红色,充作"肉皮"。"肥""瘦"相叠压实,敷上"皮"蒸透,即为酱肉。

素罗汉也称罗汉素、罗汉菜、罗汉斋,菜名出自释迦牟尼的弟子十八罗汉。释迦牟尼圆寂时嘱托十八罗汉不入涅槃,永驻世间,弘传佛法，不少名山古刹都供奉有十八罗汉的塑像。罗汉菜始于唐代，众佛寺精选各种素菜为原料，一般要选用十八种，与"十八罗汉"同数，是对罗汉广为行善、弘传佛法的敬仰。基本食材是：花菇、口蘑、香菇、草菇、荸荠、毛豆、玉兰片、莲藕、腐竹、油面筋、素肠、黑木耳、黄花菜、发菜、白果、素鸡、马铃薯、胡萝卜等。白萝卜、西兰花、玉米笋、大白菜等蔬菜也可入馔。

盛行于民间的素烩，也叫"素杂烩"，是天津"素八大碗"中的名馔。制作素烩的主料是绿豆芽菜、卤水鲜豆腐、油炸豆腐、棒槌馃子、饹馇、素帽、红粉皮、白粉皮、豆丝、豆皮、面筋、黑木耳、白木耳、玉兰片、黄瓜等，调料有香油、酱豆腐汁、大料、葱姜蒜等，重点突出腐乳味，素净，可口。

与素烩同样流行于民间，广受素食爱好者欢迎的饹馇，也是天津餐桌上的常客。特别是，津郊地区，几乎每桌必点。天津西北御河两岸盛产绿豆、小米，沿岸百姓将二者磨浆混合成糊状，再用铁铛摊成薄饼，然后改刀切成方形或菱形小块，即为"饹馇"。当地民众喜食饹馇，在烹调时加韭黄、绿豆芽、蒜米等辅料，或炒、或熘、或烩、或糖醋烹，风味独特。关于饹馇得名有一个美丽的传说。晚清，江河日下，内忧外患，朝廷上下一片凄风苦雨。一日，慈禧老佛爷正为缠头裹脑的政务犯愁，午时用膳，慈禧望着一道道美馔佳肴，食不甘味，无心下箸，急得大太监李莲英团团转。当传到一款直隶天津进贡的菜品时，慈禧眼前一亮：黄灿灿的油炸菱形面片衬着嫩黄的韭黄、洁白的蒜米、丰满挺拔的绿豆芽菜，蒜香、韭香、豆面香混合着油香，直沁心脾。老佛爷忙说："搁这儿。"老佛爷总算有了胃口，李莲英悬着的心才算落了下来，忙问传膳太监:"此菜何名?"小太监想起慈禧刚才的话,灵机一动,答道:"搁这儿。"李莲英似懂非懂,反复念叨:"搁这儿,搁这儿,炒搁这儿。"从此,一道名菜诞生了。故事传回天津,成为民间笑谈。好事文人给"搁这儿"正名,于是便有了"饹炸""咯拃、"格炸"等名称。商务印书馆1996年出版的《现代汉语词典》(修订本)给出准确的名词——"饹馇"(gē zha)。"馇"为多音字,读"馇粥""八大馇"时,念"馇"(chā,音"插");读"饹馇"时,念"馇"(zha,音"扎",轻声低平音)。

倡导绿色健康、养生保健、合理膳食,是天津菜的特色。素菜素餐丰富了天津菜,使天津菜天津味儿更加健康,更加合理,更加贴近现代饮食的理念。

直沽高粱玫瑰露

有佳肴美筵，自有美酒相伴。天津有何美酒？《天津卫志》所载的《接运海粮官王公、董鲁公旧去思碑》记载："直沽素无佳酿，海舟有货东阳之名酒，有司以进。"天津从何时开始酿酒，并形成自己的品牌呢？这要从漕运说起。金元时期，连年战乱，南北运河淤塞，而元臣郭守敬设计的京杭运河尚未开通，南粮只得从江苏太仓刘家河起运，走海运到渤海湾大沽河口，顺河至大直沽高地。大直沽位于现天津海河岸边，地势较高，适合停靠海船，是海运与河运的交汇点，是漕粮转运京师的中转码头。因此呈现出"东吴转海输稻粳，一夕潮来集万船"的繁荣景象。明人作《直沽棹歌》云："天妃庙对直沽开，津鼓连船柳下催；酾酒未终舟子报，柁楼黄碟早飞来。"描述的即是漕工抵达直沽后，在天妃庙前以酒行祀的风俗。南来的漕工要用酒祭祀海神天妃妈祖娘娘，又要自己消费，于是，取大直沽后街的优质小溪之水，自设烧锅酿酒。先是自给自足，后是余酒出售。天津酿酒业，自此开创。大直沽在明永乐年间建村时，村里三千户居民中有一半以酿酒为生。于是乎"人马过直沽，酒闻十里香"。

　　直沽高粱烧锅酒，何谓"烧锅"？烧锅造酒实际上就是早期的蒸馏酿酒，因为必须挖坑垒灶，利用烧火加热锅中水产生蒸馏的效果，所以过去人们把造酒称为"烧锅"，而利用烧锅制造出的酒当然就被称为"烧酒"了。直沽烧酒工艺考究，要经洗料、前净、后净、采曲、发酵、加气、头淋、二淋、三淋九道工序。酒酿出后，还有一道深埋地下的工艺，即将酒灌入酒坛，加锡盖密封，一至三年后才能上市。到发酵这一步骤为止，考验的是酿酒师傅的经验和技术，过去一般没有发酵池，必须放入大缸中发酵，一个烧锅酒厂同时拥有几百口大缸也不稀奇。日久天长，有些大缸有了裂缝，发酵的原料液体从裂缝渗入地下，据说使村庄周围的水源都带上了浓郁的酒香。当原料发酵时间一到，马上就要进入紧张的蒸馏出酒环节。直沽烧酒采用的是生长在御河、西河两岸的优质红高粱为原料，经过精工细作，最后酿制成酒性柔和，烈度适中，味道可口的绝世佳酿。此酒适于不习惯饮用烈性白干酒口味的人士，迎合市场要求。

　　乾隆年间诗人崔旭在《津门百咏·大直沽》中赞誉直沽美酒："名酒同称大直沽，色如琥珀白如酥。"大直沽酿酒最早始于元代，到明嘉靖时，大直沽酿酒业已经能够满足天津卫城军民的需要。《天津志略》记载：天津烧锅最盛时达二十七家，其中在大直沽就有十六家。享誉津门的老字号就有同丰涌、同沅涌、同兴涌、同华涌、仁和义、义聚永、义聚成、广聚永、义丰永、永丰玉、同丰和、同兴、永庆、王厚记、存益公、恒丰和、承记栈、福升太等。

直沽高粱酒非但津门父老喜爱,并随运河漕船走向全国。大直沽酒在国内外都有销路,以产量论,国内占十分之八,其中十分之五销在华北,十分之三销往广州、福州、潮州、上海等地,国外出口也有十分之一二。直沽酿酒技术,更是走出国门,传遍东亚南亚。1911年左右,日本神户商人请制酒师傅(大师傅崔秀岭,二师傅崔鸿禧,带领赵玉元、翟玉山、李恩起、张双喜、尚青侣)去传授制酒技术。1920年左右,周洪有受聘到新加坡郑绵友酒行,李凤桂受聘到新加坡乾源酒行。高粱酒在这些地方广受好评。有人总结,天津直沽高粱酒"始于元,兴于明,盛于清""七百年薪火传递,二百年海外飘香"。

说起天津直沽高粱酒与现在的台湾金门高粱酒的渊源,从津门到金门,还有一段鲜为人知的历史佳话。1920年,天津酿酒名师刘金凯受聘到厦门后江埭晋源酒厂指导,用传统的固态发酵法制成了清香型大曲酒——厦门高粱酒。1952年9月,由闽南华侨在金门创办"九龙江酒厂"。1956年"九龙江酒厂"更名"金门酒厂"。金门酒厂,用金门本地特产旱地高粱为主料,配以小麦,用金门本地甘泉,并将蒸馏后的头道酒和二道酒融合后再存入地窖六个月以上出厂,纯正清香,口感香醇甘冽,形成了别具风格的金门高粱酒。金门高粱酒代表作是"58°金门高粱酒",俗称"白金龙"。有朋友形象地比喻:以相声界辈分类推高粱酒的辈分,直沽高粱酒好比是高粱酒中的马三立,二锅头好比是高粱酒中的侯宝林,厦门高粱酒好比是高粱酒中的常宝华,金门高粱酒好比是高粱酒中的常贵田。不过青出于蓝胜于蓝,金门得天独厚的自然环境,酿造出了风靡南亚,返销大陆的美酒佳酿。2005年,连战、宋楚瑜、郁慕明先后访问祖国大陆,他们所带的礼品都是金门高粱酒。

天津直沽高粱酒名满天下,另有一款佳酿,也为津门父老称道。"色媚如梅,清香凝玉,香露四射,芳氲不绝",赞的是天津玫瑰露酒。直沽各"烧锅"自清中叶,开始使用玫瑰花酿酒。以二十斤鲜玫瑰花放入四十斤白酒中,蒸制成"玫瑰母",再加入高粱白酒中,添入适量白糖,即成飘出缕缕玫瑰花香的玫瑰露酒。当时人们谁也没有想到,一样的白酒只浸泡了玫瑰,便平添了一分浪漫、一分美妙,从此白酒家族里有了一位绝世"美人"——玫瑰露,无论是公子王孙还是寻常百姓,都把玫瑰露当成了爱与情的寄托。曹雪芹在《红楼梦》里描写了玫瑰露,金庸在《射雕英雄传》里也多次提及过玫瑰露……义聚永酒厂充分利用大直沽得天独厚的自然条件和天津酒业的传统酿造工艺,酿出原本只有皇家官府才炮制的玫瑰露。为使玫瑰露香醇浓郁,玫瑰露酒所用的玫瑰全部来源于华北、西北海拔八百米以上山腰间的天然野生玫瑰。这种野生玫瑰因气候凉爽湿润,日照时间长,玫瑰花中积累的营养成分极高。玫瑰浸于高粱酒中,花中的精华与高粱酒有机融合,使玫瑰香味更加醇厚。

茉莉花茶高末香

天津居九河下梢，水系发达。但水杂质硬，不适合冲泡绿茶等鲜茶。天津人便以花茶为日常饮品。讲求茶汤红亮，花香扑鼻。正兴德茶庄的花茶，是天津人的首选，无论穷富，以喝正兴德花茶为荣，并以此显示自己的品位。

天津城西是天津的回族居民聚集区，其中的望族穆家老三穆文英，随父穆兴永、兄文杰、文俊、文伟创办盛兴号米铺，投资磨坊、钱铺、染房、洋货铺、绸缎庄、药铺、当铺、酱园等，跻身天津富商老八大家之列。嘉庆初年的一天，他到竹竿巷一家茶叶店去买茶叶，正巧看到有一位顾客把装有大肉的菜篮子放在柜台上，他只得离开，不买这里的茶叶。由此，他想要解决回族居民喝茶问题，必须要有回族居民自己经营的茶庄。于是他便萌生了开办茶叶店的想法。不久，穆文英曾去买茶的那家茶叶店因经营不善而出让，他出资盘了下来，在原"正兴号"字号的基础上，竖起清真茶庄大旗，成为天津第一家清真茶叶字号。穆文英精心管理，迎合天津人的喝茶习惯，坚持自采、自窨、自拼的特点，每年从浙江、福建、安徽等地采购茶叶和茉莉鲜花，再经过拼配加工，使茉莉花茶有吃口，茶汤耐泡，花香浓厚，并且无论高中低档茶叶，冲泡到底均不变色，深受津门父老厚爱。咸丰七年（1857）改名"正兴德茶庄"，成为天津茶叶长盛不衰的一面旗帜。

在正兴德发展史上，有一位叫穆雅田的回族企业家，将正兴德茶庄做成享誉全国的大字号，成为统领北方茶界的领军企业。穆雅田16岁到天津正兴德记茶叶铺学徒，青壮年时兼茶叶货栈看货工人，练就了一身业务技能。光绪三十年（1904），由正兴德第四代传人穆云汉将其破格聘任为经理。在任四十余年，忠心耿耿，潜心经营，使正兴德走向鼎盛。他业务精通，鉴别茶叶既准又快，库存、账目无不明察，茶叶名称、价目脱口而出；知人善任，不分回汉亲疏，大胆使用；经营有道，勇于创新，在市内开设分号，在外埠开办茶厂，并制定了"大量生产、新法制造、直接采办、直接推销、货高秤足、薄利广销、包装坚固、装潢美观"的经营方针。每到采茶季节，他都要带领茶庄伙计到产地收购窨制，在安徽、江苏、河南、福建等地设厂制茶，以确保高档茶叶的渠道和上乘质量。在他的带领下，正兴德生意兴旺，发展迅速，成为执北方地区茶叶牛耳的大商号。他尤其重视"名牌"战略，将正兴德的"绿竹"商标做大做强。在1928年天津第一次国货展览会上，"绿竹"茶叶荣获优等奖；在1934年第三届铁路沿线出产展览会上，又获超等奖；同年参加美国芝加哥百年竞进展，深受侨胞欢迎，载誉归来。作为商业经营奇才，他被同仁推举为天津茶叶公会会长，任职多年。他虽位列富户,但依然俭朴持家,热心公益,对济贫、修清真寺等绝不吝啬,慷慨捐资,为百姓称道。

天津制售茶叶行业另一贡献巨大者为刘少波,是中国"袋茶"第一人。刘少波原为正兴德茶庄会计室主任,1936年2月牵头创办茶庄,以"成大事业惟信用,兴立基础在精神"为信条,遂取这两句话的头两个字"成兴"作店名。开业日以大包"大方"为宣传,形成街巷万人争购盛况,一炮打响,每天营业额平均在千元左右,从此成兴之名不胫而走。

开业不久,在福建建厂,苏杭、安徽也设茶庄采购成批茶叶运津。由于进货批售,熟门熟路,又有财力雄厚的致昌、中和、华丰等银号经理作签定合同的中人,因而业务发展非常顺利,开业仅五个月,营业额即已达四十万元,净利六万元。1940年成兴首创袋茶,委托全市各杂货店、浴池、旅店、茶摊、水铺和摊贩等代销,成兴袋茶利用袋装特点,保证质量,甚受欢迎。加以袋茶包装严格,纸质坚固,印刷美观,在分量质量方面,用户都很放心。袋茶分为"成""长城""明星""城星"四种价格。袋茶系人工现装现卖,很受欢迎。商标图案是万里长城八达岭一段,上绘有数颗明星,寓意不仅因"城星"与"成兴"谐音,而且又含有似长城之永固,如明星之高照的意义。宣传广告的方式也是五花八门,诸如报刊、电台、电影院、杂货铺、茶馆、浴室的窗帘,唱大鼓的围桌、年历、茶盒乃至电话机传话器的罩布,都有成兴的广告。分布各地的袋茶代销店门外都钉有"代销成兴茶庄"的瓷牌。著名京剧演员谭富英、张君秋在天津中国大戏院演出时,成兴亦随戏票每票赠价值一角的袋茶一袋。因而成兴袋茶风行中国茶叶市场。

何为"高末""正兴德高末"?高末者,茶叶末也。天津作家一默披露了一个有意思的现象：胡同里的大爷，手握大搪瓷茶缸，遇邻居便讲，"高末，正兴德的高末，您了来一口？！"炫耀自己，喝茶喝正兴德的高末。其实，正兴德的高末，也是茶叶末。实际上，是穷人之美。由此看出，正兴德茶叶在天津人心目中的地位。

附录

丰俭由己八大碗

小时候，要是吃饭时总挑肥拣瘦，惹恼大人生气，就会招致训斥："倒霉孩子，撑肥了疯，吃齐了牙啦，还要吃嘛？八大碗，四大扒呀。"由此，八大碗就牢牢印在脑海里，认准八大碗肯定是人间美味。

以碗盛菜，成组宴席的，全国很多地区都有。山东德州的十大碗，东营的八大碗。江苏有"四碗四盘""六碗八碟""六碗十二碟"等等。江西大余县的十六大碗又称"状元菜"，由鱿鱼、海参、白切鸡、酥肉、蹄花、酥鱼、肉皮、四喜丸子、扣肉等组成。另外，河北正定传统八大碗：扒肘、酥肉、扣肉、方肉、萝卜、海带、粉条、豆腐。河北大厂"回民八大碗"：牛肉、牛皮筋、牛杂、板筋、牛肉丸子、海带丝、油豆腐、胡萝卜。这些地方的八大碗，均是本地风味菜或本民族风味菜的代表。

近期，网传老北京民间八大碗：大碗三黄鸡、大碗黄鱼、大碗肘子、大碗丸子、大碗米粉肉、大碗扣肉、大碗松肉、大碗排骨。请教几位

"老北京",均答曰:北京有大碗居,没听说有"八大碗",大概是大碗居的名菜罗列而成吧。翻遍资料,也确实没有见到北京八大碗的记载。

据说,清代满族流行过八大碗。满族八大碗是:雪菜炒小豆腐、卤虾豆腐蛋、扒猪手、灼田鸡、小鸡珍(榛)蘑粉、年猪烩菜、御府椿鱼、阿玛尊肉。满族八大碗也有粗细之分,满族八大碗之"粗八大碗":炒青虾仁、烩鸡丝、全炖蛋羹蟹黄、海参丸子、元宝肉、清汤鸡、拆烩鸡、家常烧鲤鱼;满族八大碗之"细八大碗":熘鱼片、烩虾仁、全家福、桂花鱼骨、烩滑鱼、氽肉丝、氽大丸子、松肉。"满族八大碗"确有东北菜式遗风,而"满族粗细八大碗"却满是天津八大碗的影子。

天津八大碗是天津传统菜的一个组成部分,既不是指一道菜,也不仅仅是八碗菜的组合,而是天津民间传统宴席的菜品组合形式。八大碗由满汉全席演化而来,将铺张、奢华和板滞的宫廷菜系改造成丰俭自选的大众菜品系列,体现出简易、实惠和灵巧的特点,昭示出天津人不仅敢于引进皇城文化,更有本事将其改造成市民文化的气魄、眼光与手段。

八大碗可分为粗、细、高三个档次,另外还有清真八大碗和素八大碗,行话称"长形菜",其各自分编组合的菜肴具体如下:

粗八大碗:熘鱼片、烩虾仁、桂花鱼骨、烩滑鱼、全家福、氽白肉丝、氽大丸子、烧肉、松肉等,配芽菜汤,外加四冷荤:酱肘花、五香鱼、拌三丝黄瓜、素鸡。

细八大碗:炒青虾仁、烩鸡丝、烧三丝、熘南北、全炖、蛋羹蟹黄、海参丸子、元宝肉、清汤鸡、拆烩鸡、家熬鲤鱼等,配三鲜汤,外加四冷荤:酱鸡、酥鱼、叉烧肉、拌三丝洋粉。

高八大碗:鱼翅四丝、一品官燕、全家福鱼翅盖帽、桂花鱼骨、虾仁蛋羹、熘油盖、烧干贝、干贝四丝、寿字肉、喜字肉等。

素八大碗：独面筋、炸汤圆、素杂烩、炸饹馇、烩素帽、烩鲜蘑、炸素鹅脖、素烧茄子。

清真八大碗：多以素食为主，牛肉、羊肉、鸡、鸭、鱼、虾都入八大碗之列。

另外，黄焖鸡块、南煎丸子、扣肉、素什锦、侉炖鱼、烩什锦丁、烩三丝、赛螃蟹等可入粗八大碗之列。红烧鱼、全家福、烩虾仁、山东菜、荤素扣肉、鱼脯丸子、黄焖整鸡、罗汉斋等可入细八大碗之列。

八大碗菜系列，按四季时令灵活地调配菜品。如，春季用黄花鱼做软熘花鱼扇，用晃虾做炒虾仁，用海蟹做蛋羹蟹黄，用目鱼做高丽目鱼条。夏季在目鱼、对虾、田鸡上市时，皆可入八大碗，田鸡在八大碗中则称氽水鸡；秋季在青虾仁、鲤鱼、河蟹上市时，更换为炒青虾仁、软熘鱼扇、熘河蟹黄；冬季银鱼、紫蟹、野鸭、铁雀儿上市后，细八大碗制作高丽银鱼、酸炒紫蟹、麻栗野鸭、炸熘飞禽等。由此，天津卫的吃主儿总结出四句顺口溜："八大碗四季换，燕窝粥汤口鲜；扒鱼翅独得烂，海蟹黄焖鸡蛋。"

八大碗用料广泛，荤素搭配，技法多样，多采用炒、熘、炖、煮、烩、炸、烧、煸、独、氽等技法操作，大汁大芡，大碗盛放。

八大碗酒席具有浓厚的天津地方特色。每桌坐八人，凉碟酒肴，六个或十二个干鲜冷荤。主菜八道，清一色用大海碗。八大碗还可拆开单吃，按食客口味自由组合，丰俭由己。旧时饭馆随行就市，灵活经营，曾推出"半桌碟"，即小凉菜配上两个或四个八大碗品种，以满足各类食客的不同需求。据津门饮食业老一辈厨师回忆，当时粗八大碗每桌银元一元二角，细八大碗一元六角至一元八角。

旧时办喜寿事，在大院或胡同空场支棚搭灶，请饭馆厨师到家中做八大碗席，这叫"应外台"。平民百姓家里来了贵客至亲，可根据经济条件向饭庄要一桌八大碗，甚为方便。商号商会款待外地老客，也常以八大碗相待，在品尝天津风味菜品的同时洽谈业务，增进友谊。

与"八大碗"配套的另一著名系列，就是"四大扒"。

四大扒是统而言之的泛称，实际上可做成八扒、十六扒……例如：扒整鸡、扒肉条、扒肘子、扒海参、扒鱼块、扒面筋、扒鸭子、扒羊肉条、扒牛肉条、扒全菜、扒全素、扒鱼翅、扒蟹黄白菜、扒鸡油冬瓜等。食客可从林林总总的扒菜系列中，任选其四，即为"四大扒"。民间四大扒多以鸡、鸭、鱼、肉为主。

扒菜的主料为熟料，码放整齐，兑好卤汁，放入勺内小火透入味至酥烂，然后挂芡——用津菜独特技法"大翻勺"，将菜品翻过来，仍不散不乱，保持齐整之状。

根据原料、造型的不同，有单扒、盖面扒、拼配扒的区别。所谓"盖面扒"，即辅料垫底，主料盖在上面；所谓"拼配扒"，则是两种以上原料拼合的菜品。依据扒菜调味品及色泽的不同，又有红扒、白扒、奶扒之分。

统而言之，"八大碗""四大扒"属于"超市自选"性质——在众多"大碗"中任选八种，在若干"扒菜"中任选四种而组成的宴席系列。以种类繁多、味正量足、物美价廉、丰俭自如取胜，因此赢得津门父老的欢迎，长盛不衰。

时令美食美筵席

旧时,天津的八大碗、四大扒自成一席,丰俭由己,纯粹的百姓宴席。摆宴设席,还得是燕翅席、鸭翅席、海参席、目鱼席。

天津燕翅席:

天津燕翅席,有春夏秋冬之分。

春季燕翅席
四干:大扁、白果、葡萄干、瓜子
四鲜:苹果、香蕉、蜜柑、草莓
四蜜饯:蜜枣、桃脯、青梅、龙眼
冷荤全拼:锦绣全拼
六小冷荤:拌春柳、虾子炝春笋、芥末白菜墩、罗汉肚、酥鱼、拌

蛤仁

十二大件：一品官燕（带香菜末）、冰糖银耳、盘龙大虾、海红鱼翅（带炸香馍片、香菜末）、鲍鱼龙须、扒海参、干煎花鱼（带姜米醋）、炸晃虾、熘南北、蜜汁山药、白蹦梭鱼丁、海蟹羹（各吃）

二面点：百子汤圆、三鲜烧麦

四饭菜：烤鸭、炒合菜、干贝四丝、烧肉

汤：三鲜汤

主食：荷叶饼（带葱条、黄瓜条、甜面酱）、米饭、荷叶卷（随带咸菜两碟）

夏季燕翅席

四干：白果、香榧子、琥珀桃仁、五香大扁

四鲜：伏苹果、南橘、香蕉、水蜜桃

四蜜饯：蜜饯金橘、蜜饯桃脯、蜜饯枇杷果、蜜饯橄榄

冷荤全拼：吉祥如意

六小冷荤：辣黄瓜皮、素鸡、凉拌苦瓜、水晶虾仁、罗汉肚、炝青蛤

十二大件：高汤燕菜（带香菜末）、云片茉莉银耳、烹虾段、扒通天鱼翅（带炸香馍片、香菜末）、龙丝银针、虾子烧海参、清蒸目鱼（带姜醋料）、绣球干贝、爆双脆（带虾油）、杏仁豆腐（各吃）、熘鱼腐、烩乌鱼蛋

二面点：豌豆黄、盔头饺

四饭菜：清蒸鸭子、扒全素、酿馅鱼肚、油盖烧茄子

汤：三鲜汤

主食：米饭、银丝卷（随带咸菜两碟）

秋季燕翅席

四干：桃仁、大扁、夏果、瓜子

四鲜：海棠、鸭梨、葡萄、蜜橘

四蜜饯：蜜饯橄榄、杏脯、青梅、蜜枣

冷荤全拼：丹凤朝阳

六小冷荤：京糕拌梨丝、椒油莴笋、炝藕片、罗汉肚、熏鸡卷、酥鲫鱼

十二大件：菊花燕菜、牡丹银耳、炒青虾仁、蟹黄鱼翅（带炸香馍片、香菜末）、鸡丝银针、烹刀鱼、清蒸鳜鱼、云片瑶柱、熘河蟹黄、蜜汁莲子、钱子米烧芹菜、凤凰戏牡丹

二面点：一品烧饼、虾饺

四饭菜：香酥鸭子（带椒盐）、元宝烧肉、烧海杂拌、鸳鸯茄子

汤：鲫鱼萝卜丝汤

主食：荷叶卷、米饭（随带咸菜两碟）

冬令燕翅席

四干：大扁、桃仁、葡萄干、白瓜子

四鲜：香蕉、苹果、柑橘、鸭梨

四蜜饯：蜜饯龙眼、哈密杏、桃脯、青梅

冷荤全拼：松鹤图

六小冷荤：炒红果、油焖香菇、拌五丝、酱飞禽、罗汉肚、熏鸡卷

十二大件：氽鸡茸燕菜、牡丹银耳、扒熊掌、扒鱼翅（带炸香馍片、香菜末）、虾子烧冬笋、麻栗野鸭、罾蹦鲤鱼、高丽银鱼、煎烹虾扁、美宫山药、酸沙紫蟹、海鲜羹

二面点：莲花酥、素包

四饭菜：红扒鸭子、锅烧肉、奶汤鱼肚、鸡脯扒白菜

汤：酸辣汤

主食：荷叶饼（带葱、黄瓜条、老虎酱）、面饭、花卷（随带咸菜两碟）

津门鸭翅席：

津门鸭翅席也属高档筵席，以鱼翅类大菜做主菜，以烤鸭或红扒鸭子做饭菜，间配河海两鲜及大小飞禽、应季时蔬。比较常见的津门鸭翅席食单如下：

四干、四鲜、四蜜饯、四压桌

六冷菜：水晶虾仁、白斩鸡、酱油盖、五彩龙须菜、素鹅、辣黄瓜卷

头道菜：蟹黄扒鱼翅（随带一品烧饼、香菜末）、鸡丝银针、高汤鲍鱼（各吃）

面点：杏仁豆腐

二道菜：煎烹大虾、高丽银鱼、扒全菜

面点：三鲜烧麦

三道菜：清蒸鳜鱼、扒冬瓜雏鸡、酸沙紫蟹

面点：豌豆黄

主食：挂炉烤鸭（带荷叶饼、葱条、黄瓜条、甜面酱）

汤：瓜片鸭架汤

送水果、香茶

另外，民间流传"六六席"，也是鸭翅席的另一种版本，其食单如下：

四干：大扁、桃仁、腰果、瓜子

四鲜：苹果、鸭梨、橘子、香蕉

四蜜饯：蜜枣、桃脯、蜜饯金橘、青梅

四双拼：罗汉肚—辣黄瓜皮、酥鱼—炝冬笋、卤口条—冰糖藕、炝青虾—素鹅

六大件：扒通天鱼翅、扒熊掌、烤酥方、鲍鱼龙须、红烧猴头菇、红扒鸭子

六小件：龙丝银针、高丽银鱼、炒雀脯、官烧鱼条、麻栗野鸭、酸沙紫蟹

二面点：莲花酥、蟹黄烧麦

四饭菜：冬瓜炖雏鸡、干贝四丝、奶油扒白菜、莲子烧肉

主食：荷叶卷、米饭（随带咸菜两碟）

津门海参席：

制作海参席是天津二荤馆的拿手戏，属中档菜品。天一坊、天慧坊、燕春坊、茗园春饭庄、永和春饭庄、凤鸣楼、慧罗春、什锦斋等二荤馆专门承办喜寿庆典、亲朋聚会、接风饯行等宴席，海参席最受推崇。据学师得道于天津名菜馆先得月饭庄的津菜烹饪大师马金鹏记述：

"天津海参席经过几代厨师广采东西南北诸味的精华,集天津菜口味之长,巧妙吸收,融会贯通,独树一帜。海参席以季节、物料不同而时常变换。"慧罗春饭庄当时出售的海参席食单如下:

四季海参席:

四干:琥珀桃仁、青梅、瓜条、黑瓜子

四鲜:橘子、苹果、南荠、锦糕

四冷荤:腊肠、松花、海蜇、鸡丝拌粉

四点心:夹沙饼、金钱盒、蛋糕卷、酥合子

六小件:扒海参、炒虾仁、桃仁鸡丁、鲜蘑豌豆、桂花鱼骨、熘凤眼鱼卷

四大件:干烧鱼、元宝肉、烧蒸鸡、烩鸭条

冬季海参席

六冷碟:炒雀渣、八宝菜、松花、腊肠、酸沙白菜、鸡丝拉皮

八热炒:一品海参(带主食:什锦蒸食两碟)、炒青虾仁(带主食:花卷)、熘二蘑、红烧鱼(带主食:米饭)、软炸大肠(带主食:春饼、葱、姜)、烩全样、元宝肉、扒鸡腿

汤:芽菜佘里脊汤

十人吃海参席

六冷荤:罗汉肚、炝瓜条、五香鱼、拌蛰米、卤白鸡、卤虾钱

十热炒:烧海参、鲍鱼四丝、炖小鸡、红烧鲤鱼、烧牛尾、冰糖肘

子、全家福、两吃野鸭、芙蓉虾、烩乌鱼蛋

汤：海米菜叶汤

咸甜点心双上、真素包、四喜饺、山药堆、一品烧饼

目鱼席：

天津渤海湾出产的比目鱼品质最佳，是天津高档筵席中不可或缺的食材。而以比目鱼为主要食材的"目鱼席"，也在天津非常流行。津菜基地红旗饭庄原行政总厨、中国烹饪大师王鸿业，根据前辈口述，整理成目鱼席食单：

六冷菜：椒油鱼皮丝、鱼瓜、鱼子酱、拌五丝、炝莴笋、冰糖藕

十热菜：清蒸目鱼卷、高丽目鱼条、五彩目鱼丝、官烧目鱼条、油爆目鱼花、松仁鱼米、白蹦目鱼丁、扒菜心目鱼片、干煎目鱼中段、蟹黄鱼腐丸

四面点：三鲜烧麦、酥合子、莲子银耳羹、苹果酥

饭菜：红烧目鱼中段、炖肉烧目鱼

汤菜：侉炖目鱼头尾

主食：稻米饭、银丝卷

送水果、香茶

这些筵席的创制，有的是继承、发扬或借鉴了宫廷菜、其他地方菜的菜式，充分挖掘了天津特有食材，发挥了天津厨师烹饪技术特长，是天津菜的高度集中和概括，代表了天津味儿的最高水平。

一百单八满汉全席

只要说到满汉全席，国人皆知，乃中国烹饪、中国菜、中国味道之最高境界。"满汉全席""满汉大席"与"满汉席"最初始于清廷官场。清袁枚所著《随园食单》记述："满菜多烧煮，汉菜多羹汤"，"今官场之菜肴，有满汉席之称，用于新亲上门，上可入境"。"满汉席"之称谓，始有记述。《随园食单》又记："今官场之菜名有十六碟、八簋、四点心之称；有满汉全席之称；有八小吃之称；有十大菜之称。""满汉全席"出现。《清稗类钞》记载了"满汉大席"的样式："烧烤席，俗称满汉大席。筵席中之无上上品也。"《调鼎集》中，对满席、汉席也有翔实的记载。总之，满汉席也好，满汉全席、满汉大席也罢，在当时，均为宫廷官场享用，与民间无涉。

满清朝廷新晋与鼎盛时期，对王亲贵胄及大小官员管制极严，禁令多多。北京乃首善之区，天子脚下，无人敢奢靡露富。天津因地利之便，紧邻京城。依山傍海，物产丰富。商业城市，即是消费城市，自然成为亲贵官员躲避皇上耳目、寻味极欲之地。清同光年间著名学者李慈铭曾于1865年从北京来到天津等候轮船，并偕友人宴饮于名庆馆、兴盛馆、万庆园、聚庆园等处，其感慨道："津门酒家，布置华好，馔设丰美，较胜都中。"自是比北京高上一筹。当时，天津餐饮津菜馆的代表，聚和成、义和成、聚庆成、庆乐成、聚合成、明利成、聚乐成、聚德成，远近闻名。"八大成"第一家"聚庆成"饭庄，于清康熙元年（1662）康熙登基之日开业。后开"聚合成"饭庄，取"聚合庆典，成就大业"之意。此两家，为天津八大成之首，网罗大批前明御厨和民间烹饪高手，率先尝试仿制宫廷菜，特别是满汉席、满汉大席、满汉全席中的菜品及设席规制，是这些高等级筵席流入民间的开始。

全国各地，出现过很多种满汉全席，各具特色，各有所长。一般情况下，这些满汉全席有"大满汉全席"和"小满汉全席"之分，大满汉一百零八件，小满汉六十四件。而天津满汉全席总计七十二件，即：大菜八件、四红四白、四小碟、四粥碗、四卤菜、八小件，随席点心十二道。据说，林则徐出京赴任两广总督，途经天津时，天津地方官员摆小满汉席，又称"重八席"，为其接风洗尘。近现代的天津八大成之一的"义和成"饭庄以烹制满汉全席著称，主灶名厨刘四爷，因技术全面，厨艺精湛，而被同行戏称"怪物刘四"。他设计的具有天津特色的满汉全席有：

八大件：氽鸡茸燕菜、扒黄肉翅、乌龙戏珠、扒熊掌、氽三腐、茉莉氽竹荪、红烧鲥鱼、金蝉戏牡丹

四红：红烧猴头、黄焖鹿筋、挂炉烤鸭、烤全猪

四白：奶汁扒广肚、高丽银鱼、四喜云片野鸭、哈巴肘子

四小碟：烧银菜、酸沙紫蟹、虾子白菜、萝卜干贝球

四粥碗：八宝粥、荷叶粥、秫米粥、小米粥

四茶点：马蹄酥、状元糕、麒麟饼、芙蓉糕（带四碟卤小菜：姜丝肉、八宝酱、虾子腐竹、酸沙白菜）

八小件：炒青虾仁、熘南北、炸三苔、炒江豆腐、金钱香菇、如意冬笋、佘金三鱼、冰糖银耳

十二随席点心：双上三鲜蒸煎合、三鲜烧麦、佘龙眼桂圆、四喜饺、清素三角、鸡茸云吞汤、石榴见籽、蟹黄酥合子、真素包、冰糖荸荠豉、鲍鱼汤、春柳三丝汤

改革开放以后，经济发展迅猛，人民生活条件大大改善。津菜讲究基地、天津红旗饭庄的中国烹饪大师王鸿业与天津烹饪大师吴玉书合作，根据老一辈津菜大师杨再鑫的回忆、口述，按照现时礼仪，烹饪原料，津菜技法，整理出天津满汉全席三翻台一百零八件：

到客三道茶：清茶、香茶（花茶）、炒米茶

下马点心：云片糕、豌豆黄、核桃酥、猫耳朵

四干：大扁、琥珀桃仁、开心果、腰果

四鲜：橘子、香蕉、苹果、提子

四蜜饯：桃脯、蜜饯金橘、蜜枣、蜜饯哈密杏

四糖饯：瓜条、京糕、炒红果、海棠粘子

（以上各款，可根据时令适时调整）

四冷荤：酱飞禽、罗汉肚、卤虾钱、熏鱼

四冷素：椒油莴笋、炝果藕、京糕拌梨丝、芥末白菜墩

六大件：一品官燕、冰糖银耳、炒青虾仁、蟹黄鱼翅（带香菜、炸馍片）、高丽银鱼、熘南北

头道点心：盔头饺、酥合子、炸银丝卷、橙子羹汤圆、三鲜烧麦、挂面汤

六小件：乌龙戏珠、芙蓉鸡片、清炒鱼丝、清蒸目鱼、干烧冬笋、㸆鸡茸菠菜

中间点：素包、四喜饺、莲藕酥、小窝头、萨其马、三鲜汤面

（一翻台）

四红扒：扒熊掌（带素四宝、熘鱼腐）、扒鲍鱼（带香菇菜心、韭黄里脊丝）、扒鸭条（带百合西芹、红嘴绿鹦哥）、扒肉条（带烧莲菜、烧芽菜）

随上主食：脑子卷、稻米饭、荷叶饼、小米粥

（二翻台）

四白扒：鸡油鱼肚（带酸沙紫蟹、腰果甜豆）、奶油扒雏鸡（带桂花鱼骨、鸡油冬瓜）、哈巴肘子（带麻栗野鸭、炒合菜）、扒全菜（带官烧目鱼条、蟹黄蛋糕）

开胃汤．银鱼紫蟹火锅

随上主食：八宝粥、粳米粥、一品烧饼、枣卷、天津包、尚汤水饺

（三翻台）

四烧烤：烤全猪（带茉莉肚仁、墨鱼片烧西葫）、烧鹿尾（带枸杞金米、烧扁豆）、挂炉烤鸭（配春饼、葱条、黄瓜条、甜面酱；带烧银条、海参丸子）、烧烤鳜鱼（冰糖哈什蚂、㸆白肉丝）

随上主食：虾饺、花糕、脂油饼、开口笑（带酱瓜、地葫芦、八宝菜、五香疙瘩头）

饭后汤：太极八卦银耳

天津满汉全席代表了天津菜的最高层次，也是天津饮食文化水平的体现。极富天津地域色彩的高档燕翅重八席（八八席），中档的鸭翅六六席，普通的海参席，以及民间的八大碗等多种席面，均由天津满汉全席菜品演化而来，极大丰富了天津的餐饮市场。

传统津菜家常味

天津自金朝初设"直沽寨",始有建制。元朝升格"海津镇"。明永乐二年(1404)设"天津卫""天津左卫""天津右卫",始有"天津"称呼。天津菜,简称"津菜",以鲁菜、明清宫廷菜为基础,广收博取,吸纳各地菜品精华。特别是,运河沿岸地区的菜品,兼收并蓄,结合天津特有食材,形成自己的风格。

天津厨师擅长勺扒绝技,软熘、清炒、清蒸、独、焖技法独特,炸、烹、爆、烧、汆、煎、熘、烩诸技法圆熟。善烹河海两鲜,野禽家畜。口味以咸鲜清淡为主,不拘一格,富于变化。注重保持原料原质原味,素有软而不绵,嫩而不生,烂而不塌,脆而不艮,酥而不散的特点。

民间家常菜、清真菜,无不带有明显的天津菜特色。罗列数款天津菜中的经典菜品,以飨读者:

山珍海味菜四十一款

1 一品官燕	2 蒸燕菜把	3 氽菊花燕菜
4 扒通天鱼翅	5 原汁鱼翅	6 黄扒鱼翅
7 奶汁扒鸡茸鱼翅	8 清炒鱼翅	9 软炸鱼翅把
10 鸡粥鱼翅	11 奶汁炖鱼唇	12 红烧鱼唇
13 氽鸡茸鲨鱼尾	14 桂花鱼骨	15 清炒鱼信
16 扒鱼皮鸡肉	17 扒蟹黄鱼肚	18 奶扒鱼肚菜心
19 扒三鲜鱼肚盒	20 如意八卦鱼肚	21 金汤三娇
22 红烧海参	23 白汁海参	24 炒雪花海参
25 清汤莲蓬海参	26 一品海参	27 扒参唇肠
28 金钱鲍	29 扒鲍鱼芦笋	30 清汤鲍鱼群蟹
31 金棒鱿鱼	32 砂锅鱿鱼	33 氽茉莉鸡茸干贝球
34 油爆蟹黄鲜贝	35 五彩瑶柱丝	36 氽发菜卷
37 鸡粥哈士蟆	38 清汤哈士蟆油	39 扒猴头蘑
40 氽猴头蘑	41 氽茉莉竹荪	

水产菜一百一十二款

1 白汁银鱼	2 高丽银鱼	3 朱砂银鱼
4 锅塌银鱼	5 翠衣裹银	6 网油珍珠鱼
7 烧熏鳜鱼	8 嚣蹦鲤鱼	9 酸沙鲤鱼
10 脱骨鲤鱼	11 天津熬鱼	12 周家鱼
13 姜丝鱼	14 醋椒鲤鱼	15 锅塌三鲜鱼盒
16 烩滑鱼	17 氽三腐	18 碎熘鲫鱼

19 酥鲫鱼	20 独流焖鱼	21 糟蒸花鱼
22 醋熘黄鱼	23 软熘鱼扇	24 烩花鱼羹
25 软熘黄鱼	26 煎熬花鱼	27 拆烩花鱼
28 红烧鲙鱼	29 干烧鳜鱼	30 红烧鱼卷

31 一鱼三吃（酱汁瓦块、葱油鱼、头尾氽鱼汤）

32 清蒸刀鱼	33 清蒸鱼	34 烧鲽鱼
35 油爆目鱼花	36 干烧目鱼中段	37 松子平鱼
38 白蹦鱼丁	39 独刀鱼腐	40 鸡油干贝鱼腐卷
41 清炒面鱼	42 面鱼托	43 白蹦目鱼丁
44 官烧目鱼条	45 煎转目鱼	46 煎转目鱼嘴
47 高丽鱼条	48 鱼米羹	49 酒醉玉带白鳝
50 蓑衣鳝鱼卷	51 椒盐墨鱼卷	52 清汤氽鱼穗
53 金钱鱼腐	54 软熘金钱鱼腐	55 独鱼白
56 拌鱼丝	57 煎烹大虾	58 炖梭鱼鹿角菜
59 油焖大虾	60 糟熘大虾	61 两做大虾
62 荷包牡丹虾	63 晚香玉炒虾片	64 生菜拌大虾
65 高丽虾仁	66 翠带凤尾虾	67 炝青虾
68 煎炸虾饼	69 番茄虾球	70 炒青虾仁
71 爆炒虾腰	72 鸡里蹦	73 炸尨虾
74 翡翠虾仁	75 烹大虾	
76 煎烹金钱虾扁（水西庄香榭虾扁）		77 虾茸银耳
78 虾子独面筋	79 虾子烧腐竹	80 群龙会燕
81 炸蟹盖	82 雪衣油盖	83 七星紫蟹

84 华阳紫蟹　　85 酸沙紫蟹　　86 酿馅紫蟹夹
87 蟹肉丸子　　88 烹大夹　　　89 汆大夹麻花
90 熘河蟹黄　　91 炸熘蟹油　　92 炒全蟹
93 凉拌海蟹　　94 清蒸蟹黄　　95 鸡腿元鱼
96 清蒸裙边　　97 红烧裙边　　98 油盖烧茄子
99 油盖扒茄子　100 芙蓉蟹黄　　101 扒蟹黄白菜
102 猫耳蛰皮　　103 炖淡菜　　　104 爆蛤仁
105 汆洋粉把　　106 水宫两吃海鲜　107 汆绣球海蛰
108 桂花干贝　　109 烧三丝　　　110 扒鲍鱼龙丝
111 鸡茸燕菜　　112 碎熘紫蟹扒蛰头

肉菜三十二款

1 天津烧肉　　　2 天津坛肉　　　3 酱豆腐肉
4 囍字肉　　　　5 烹拆骨肉　　　6 瓜姜里脊丝
7 清蒸珍珠丸子　8 哈尔巴肘子　　9 虎皮肘子
10 周家排骨　　　11 汆脊髓脑　　　12 炒腰丝
13 奶汁炖脊髓管廷　14 清蒸鹿尾　　15 炸虎尾
16 九转肠腐　　　17 烧烩大肠烂蒜　18 罗汉肚
19 酿馅酱猪蹄　　20 松肉　　　　　21 肉丝韭黄
22 姜丝肉　　　　23 过油肉　　　　24 汆肉丝
25 干烧肉丝　　　26 炒荤菜　　　　27 全家福
28 扒全菜　　　　29 烩榆钱羹　　　30 芫爆双花烹蹄筋
31 虫草扒蹄筋　　32 红曲炖爪尖

禽蛋类五十款

1 正阳烧鸡	2 八宝鸡	3 大葱鸡
4 黄焖栗子鸡	5 鸡茸菠菜	6 砂锅冬菇黄酒蒸湖鸭
7 桃仁鸡	8 朱砂鸡丁	9 炒熏鸡丝
10 津梨鸡丝	11 锅塌芥菜鸡	12 鸡茸花配
13 丁香雏鸡	14 白切鸡	15 蒜蓉凤脯
16 凤爪冬菇	17 荷花鸭子	18 雪埋凤香酥栗茸鸭
19 腰果鸭方	20 葱爆烧鸭片	21 烩鸭泥腐皮
22 玛瑙翠珠鸭舌掌	23 鸭肝网油卷	24 鸭腰白肉托
25 拆烩鸭膀	26 扒鸭掌把	27 芫爆鸭丝掌
28 烩玉米全鸭	29 玛瑙野鸭	30 麻栗野鸭
31 葱炖野鸭	32 麻辣野鸭	33 炸熘软硬飞禽
34 金钱雀脯	35 雀渣	36 酿铁雀
37 炸铃铛	38 烧山鸡卷	39 奶汁扒铁蛋
40 氽回笼蛋	41 凤尾鸽蛋	42 鸡丝银针
43 凤丝牡丹	44 干酥鸡	45 烹鸡座
46 炒鸡米粒米	47 烩两鸡丝	48 烧蒸鸡
49 熘松花	50 熘黄菜	

植物菜三十七款

1 栗子扒白菜	2 鸡脯扒胎菜	3 奶汤口蘑扒白菜
4 茄子罐	5 如意冬瓜	6 龙凤彩珠
7 酱油茄	8 蜜汁棋子冬瓜	9 扒蟹黄玉翅

10 美宫山药	11 炸段宵	12 奶汁炖蒲菜
13 朱砂鸡茸冬菇盒	14 冰山雪莲	15 炒海棠果
16 拔丝高丽酿馅荔枝	17 冰碗	18 余白果
19 蜜汁干锅泥	20 琥珀桃仁	21 炒丝瓜桃仁
22 糖熘湖鲜	23 一品豆腐	24 雪塔豆腐
25 鹌鹑豆腐	26 对虾烩豆腐	27 百花酿豆腐
28 樱桃面筋	29 五香面筋	30 灯笼面筋
31 酿馅面筋	32 玉米全炖	33 什锦玉米羹
34 葱烧两样	35 扒素鱼翅	36 扒素全菜
37 拔丝荸荠豉		

其他菜二十三款

1 菊花火锅	2 银鱼紫蟹火锅	3 什锦火锅	4 酸辣汤
5 双鹤图	6 金秋带盘	7 明珠托翠	8 雪底藏珍
9 爆双花	10 桃园三结义	11 两吃鹅脖	12 扒酱肉野鸭
13 豆腐条独猪脑	14 炒龙凤丝	15 鸡丝银针	16 炸三台
17 烩三泥	18 冬菇焖胗	19 星月金钱	20 拔丝冰淇淋
21 高丽澄沙	22 奶腐玉扇	23 扒全菜	

传统家常菜

河海两鲜三十四款

1 家熬鲫鱼	2 油浸鲤鱼	3 红烧黄鱼
4 白蘸鲙鱼	5 开屏鲈鱼	6 煎熬嘎鱼

7 五香麻口鱼　　　8 多味麻口鱼　　　9 糖醋小酥鱼

10 熏鱼　　　　　11 炒鱼瓜　　　　　12 炒三样

13 小鱼熬咸菜　　14 鲫鱼氽氽　　　　15 鲫鱼酿馅

16 酿馅馃子　　　17 蟹黄鱼肚　　　　18 爆鱼虾

19 板炸凤尾虾　　20 虾仁炒鳝片　　　21 菊花虾球

22 蜜汁元宝虾　　23 鸳鸯虾球　　　　24 虾香百合

25 煎烹虾饼　　　26 虾子烧蛰头　　　27 琵琶虾肉炒菜粉

28 炒海螺　　　　29 葱烧海参　　　　30 虾仁烩豆腐

31 虾酱豆腐　　　32 全爆

33 两吃鱼（糖醋鱼、头尾煲汤）　　34 目鱼炖肉

时蔬二十款

1 白菜墩　　　　2 醋熘白菜　　　3 烧三丝　　　　4 馃子炒丝瓜

5 菊花茄子　　　6 扒芦荟　　　　7 海米冬瓜　　　8 腊肉炒芥菜

9 海米烧西葫　　10 椒油银菜　　　11 一元菜　　　　12 炒合菜

13 山药四爽　　　14 白果时蔬　　　15 彩椒冬瓜皮　　16 焦熘蔬菜丸

17 醋熘土豆丝　　18 菜锅巴　　　　19 素熘鱼片　　　20 香椿炒鸡蛋

肉类二十七款

1 扒肘子　　　　2 五水红烧肉　　3 四喜丸子　　　4 虎眼丸子

5 腐乳肉　　　　6 虎皮酥肉　　　7 炒肉瓜　　　　8 醋熘苜蓿

9 豆皮里脊　　　10 油爆里脊　　　11 芫爆肉丝　　　12 什锦丸子

13 白丸子　　　　14 焦熘丸子　　　15 酥炸小丸子　　16 熘腰花

17 爆三样	18 肚丝烂蒜	19 香辣大肠	20 炸藕夹
21 烧茄盒	22 荷包面筋	23 一棵松	24 鹌鹑豆腐
25 肉丝酸菜	26 佛手白菜	27 春满园	

禽蛋类九款

1 炒鸡瓜	2 扒鸭条山药	3 津味盐水鸡	4 鸭烧四宝
5 全素烧鸭血	6 水炒鸡蛋	7 鸡刨豆腐	8 津味蛋羹
9 美味鸡翅			

小菜四十五款

1 炒腊豆	2 油爆豆腐	3 酱炒地葫芦
4 熘南北	5 炒雪里蕻	6 炸酱
7 摊咸食	8 贴饽饽熬小鱼	9 炸蚂蚱
10 天津饭	11 拌三泥	12 素什锦
13 炝芥菜丝	14 酸沙白菜	15 五味苦瓜
16 白菜丝拌蛰皮	17 虾米粉丝菠菜	18 蛇皮黄瓜
19 酸沙黄瓜	20 温拌海带丝	21 拌茄泥
22 四季蔬菜卷	23 清香肉蛋卷	24 一品酿皮
25 素鹅	26 素鸡	27 肉皮冻
28 酱牛肉	29 津味将猪肝	30 卤煮大肠
31 椒麻带鱼	32 盐水八带	33 八大馇
34 馃子汤	35 南瓜虾皮疙瘩汤	36 尜尜汤
37 小虾干小西葫面汤	38 西红柿鸡蛋手擀面汤	39 清汤氽蛰头

40 乌鱼蛋高汤　　41 萝卜丝汆丸子　　42 老味焖饼

43 津味馄饨　　44 嘎巴菜　　45 老豆腐

清真菜四十六款

1 红烧蹄筋　　2 红烧牛尾　　3 焖烧牛肉　　4 焦炒牛肉

5 黄焖两样　　6 爆肉片　　7 砂锅牛肉　　8 南煎牛肉丸子

9 滑熘牛里脊　　10 锅塌三样　　11 牛杂汤　　12 牛肝汤

13 葱爆羊肉　　14 清蒸牛肉条　　15 扒整鸡　　16 软熘鱼扇

17 熘鱼片　　18 炒鱼片　　19 油爆海鲜　　20 目鱼茄子

21 清炒虾球　　22 酱烧茄子　　23 炖全素　　24 拔丝山药

25 炉饺子　　26 素蒸饺　　27 牛肉烧麦　　28 酱爆牛肉丝

29 红烧舌尾　　30 炸脂盖　　31 黄焖鹿筋　　32 目鱼牛肉条

33 焦熘牛鞭　　34 荷叶羊肉　　35 扒海羊　　36 芫爆散旦

37 红烧舌尾　　38 烹蹄筋　　39 独脊髓脑眼　　40 雪衣羊脑

41 独羊眼　　42 独羊三样　　43 珍珠葫芦　　44 扒羊蹄

45 口蘑烩全羊　　46 羊肉粥

清真大宴全羊席

在天津卫各等级筵席中，仅次于一百零八大满汉席的是清真全羊席（或称"全羊大菜""全羊大席"）。

天津全羊席，最早出现在清末民初的天津餐饮鼎盛时期。以天津清真十二楼大饭庄的会芳楼和鸿宾楼为代表，两家领班名厨穆祥珍、宋绍山发扬天津清真菜擅长烹饪河海两鲜的特长，结合传统全羊大菜和其他山珍海味，探索创新，达到"食羊不见羊，食羊不觉羊"的至臻境界。可以说是少数民族对中国烹饪的一大贡献。1980年代，天津宴宾楼特级厨师王春彤归纳整理前辈名厨的成果，列出天津全羊席食单：

四干、四鲜、四冷荤、四青菜、四甜碗

头道菜

鹅毛雪片、花爆金钱、百子囊、迎风扇、望峰坡、千层梯、玉珠灯笼、素心菊花、落水泉、五味烂肚、爆荔枝、炸铁伞、山鸡油卷、玉环

锁、鼎炉盖、炸银鱼、双凤翠、采灵芝、安南台、佘丹袋

点心：龙须糕、一品烧饼、杏仁茶、小干烙、素包

汤：鲍鱼汤

二道菜

爆炒玲珑、五关锁、天花板、炸血丹、蜜蜂窝、八宝袋、拔草还园、金鼎喇嘛瓜、凤头冠、红白旗子、彩凤眼、开泰仓、龙门角、鹿挞尸、烩虎眼、青云登山、提炉顶、苍龙脱壳、犀牛眼、炸鹿尾儿

点心：喇嘛糕、香菜托、冰糖薏仁米、羊肉烧麦、炸蒸两合

汤：里脊丝佘酸菜汤

三道菜

炸鹿茸、算盘子、迎草香、炸东篱、梧桐子、明鱼骨、红叶含云、清烩凤髓、清烩鹿筋、百子葫芦、冰花松肉、清烧排岔、七孔玲台、樱桃红肉、明开夜合、千层翻草、黄焖熊胆、锅烧浮筋、烩鲍鱼丝、玻璃方肉、红炖豹胎、红炖熊掌、香糟猩唇、寿天百禄、干炸龙肝、天鹅方肉、吉祥如意、满堂五福、白云会、五花宝盖、爆凤尾、八仙过海

主食：稻米饭、荷叶卷（随带酱小菜、虾油小菜）

汤：三鲜紫菜汤、酸菜干贝汤

全羊席含七十二道大菜，取料精细，烹饪高超，组合考究，取名奇巧。单以取名为例，不同部位，烹饪出不同菜品，命名之精妙，寓意之贴切，艺术之高超，无不令人叫绝。只一个羊头，烹制出二十种菜肴，如：羊耳，耳尖为"迎风扇"，耳中为"双飞翠"，耳根为"龙门角"；羊鼻，鼻尖为"采灵芝"，鼻梁肉为"望峰坡"，鼻脆骨为"明鱼骨"；羊舌，舌尖为"落水泉"，舌根为"迎草香"，舌旁颊肉，为"饮

涧台”；羊心从心头到心尖，可烹为六道菜，“鼎炉盖”“提炉顶”“凤头冠”“爆炒玲珑”“七孔玲台”“安南台”；上下眼皮，为“明开夜合”。这是器官的盛宴，是感官的盛宴，更是精神的盛宴。

清真燕翅席，一如汉族居民燕翅席，根据不同季节，选用不同食材。所以，清真燕翅席也有四季之分。

冬令燕翅席

四干、三鲜、四蜜饯、四压桌、冷菜（一带四双拼）

大件：一品官燕、高汤银耳、通天鱼翅、扒熊掌、氽蝴蝶海参、高丽银鱼、清蒸江白鱼、红烧钱子米、酱爆核桃鸡、清炖飞龙、清蒸炉鸭白菜墩、白扒鱼肚菜心、银鱼紫蟹羊肉酸菜粉

点心：香蕉锅炸、四喜饺

秋季燕翅席

四干、三鲜、四蜜饯、四压桌、冷菜（一带六拼）

大件：鸡茸燕菜、氽银耳、砂锅鱼翅、扒大乌参、白蹦目鱼丁、高丽豆沙、盘龙大虾、松鼠鳜鱼、炸八块、油爆肚仁、金龙戏珠、香酥鸭子、炒虾片芥蓝菜、香菇焖胗

点心：白皮酥月饼、一品烧饼

夏季燕翅席

四干、三鲜、四蜜饯、四压桌、冷菜（一带六冷拼）

大件：一品官燕、氽银耳、扒净鱼翅、奶汤干贝蒲菜、糟熘鱼片、干燔大虾、扒鲍鱼龙须、烩乌鱼蛋、烧广肚菜心、炒芙蓉蟹黄、清蒸鲥鱼、生蒸鸭子、红扒裙边、一品海参

点心：杏仁豆腐菠萝、三鲜烧麦

春季燕翅席

四干、三鲜、四蜜饯、四压桌、八冷菜（或一带六拼）

大件：一品官燕、氽茉莉银耳、扒蟹黄鱼翅、凤阳大乌参、氽鲫鱼萝卜丝、炒晃虾仁、白蹦梭鱼丁、清炖全鸭、油爆双脆、雪花凤尾大虾、扒海参广肚、炒虾干太古菜、烤鸭、氽乌散蛋

点心：炸春卷、三鲜蟹黄提褶大包

后　记

天津人夸天津，只恨笔秃词穷，不能妙笔生花。天津是晚近发展起来的城市，因运河而生，依运河而兴。五方移民，汇聚到运河海河岸边，带来五方民风，五方食俗。一方水土，养一方人。天津特有的物产，改造融汇了外来的食风。天津传统名菜罾蹦鲤鱼，就带有杭州西湖醋鱼的影子；煎饼馃子，更是山东煎饼与杭州葱包桧的结合物；耳朵眼炸糕，是山西油糕的升华；十八街大麻花，由西北馓子演化而来。擅长学习与借鉴，才孕育和升华了天津风味。由此形成天津饮食性格，创造出天津饮食文化。"吃鱼吃虾，天津为家""当当吃海货，不算不会过"等食俗谚语，已为各地吃主儿耳熟能详。

在为拙作《舌尖上的天津——这是天津味儿》收集资料时，在香港三联书店看到《京味儿》，为其曼妙文风所感动，后又偶得《川味儿》，为其才华恣肆而激动。翻开两册大作版权页，责任编辑——北京生活·读书·新知三联书店张荷女士之大名映入眼帘。笔者衷心为张荷女士的锦心巧思所折服，于是便产生了撰写《津味儿》书稿的想法。幸而得到张荷女士的首肯和大力支持。

一班好友帮了大忙。天津师范大学教授谭汝为先生，文化学者张显明先生、高伟先生，以及郭文杰、周醉天、闫汉杰、刘儒杰、杜琨、于霁丹、张健强、陈好等好友，分别对书稿提出宝贵意见，在此一并感谢！

《津味儿》是我对天津风味、天津饮食文化的一些粗浅认识，疏谬之处，还请方家不吝指正。

2015 年 12 月 10 日写于天津